JN005885

A WOMAN'S

HOW TO MAKE OWN BRAND

最新版

# 高くても売れる！
# ハンドメイド作家ブランド作りの教科書

ハンドメイドビジネスコンサルタント
雑貨の仕事塾 主宰
マツドアケミ

同文館出版

# 自分らしく歩き出せる後押しをする布小物&雑貨作り

布小物ブランド niko（ニコ）
岡部圭子さん

子どもの頃からの夢であったデザイナーとして活躍していた圭子さんがハンドメイド作家デビューをしたのは、出産がきっかけでした。

寝ている赤ちゃんのそばでミシンを踏んでポーチやバッグなどを作り、雑貨屋さんへ営業。子育てをしながらの委託販売をスタートさせました。

憧れの雑貨屋さんで販売してもらえることが嬉しくて、利益を考えずに安価で納品。売れれば売れるほどお金は残らず、また子育てとの両立に思い悩むように。すると、そんな圭子さんを見て旦那さんがひと言。「子どもを見ているから、好きなお洋服を見ておいで」。

「仕事も子育ても完璧にしようと自分をがんじがらめにしていました。自分の作ったバッグを持って外に出かけてみたら、みんなが自分のことを助けてくれました」と言う圭子さん。その時から、「少しずつでいいから自分らしく歩き出そう」をコンセプトにしたブランド作りがはじまりました。

生地の組み合わせ方も魅力！

百貨店や商業施設へ営業してみると、カラフルで明るくポップなデザインに加えて、売り場に貢献したいと熱心に取り組む圭子さんの姿が施設の担当者を魅了し、リピート出店の依頼、新規の出店の依頼がくるように。作っては出店！　を繰り返す日々。あまりの忙しさに「このまま時間が過ぎたら、自分はどうなるのか？」と10年後の姿が想像できなくなっていきました。

そんな圭子さんの気持ちを変えたのは、自分の原点にもう一度立ち返ってみようと勧められた「ブランドのストーリー作り」でした。「困ったら、まわりの人たちを巻き込んで楽しくしたらいいということを思い出しました」。今は制作も販売も同じ思いを持つチームと一緒に新しいステージの扉を開こうとしています。

写真はサイズ感がわかるように意識

shop data

（ブランド名）niko ニコ

（コンセプト）少しずつ少しずつ自分らしく歩き出そう

（アイテムと価格帯）バッグ　15,000～33,000円、ポーチ　3,800円

（主な活動場所）ネットショップ＆リアルイベント

（売上目標）・毎月　50～80万円
・リアルイベント1週間で100万円

（ヒストリー）
2006年3月　寝ている赤ちゃんの横でミシンをスタート
2006年6月　委託販売スタート
2006年10月　東京に転勤
2014年　百貨店での販売やイベント運営をスタート
2018年9月　マツドアケミさんのブランディング塾に入塾
2019年1月　緑を育てる活動(nikomoku)をスタート
2019年3月　動画を使った販売をスタート
2020年6月　動画＋インスタライブ販売をスタート
2021年2月　ハンドメイド作家さん向け講師デビュー

（活動歴）15年

（活用しているSNS）
Instagram、Twitter、Blog

（ハンドメイド活動で大切にしている3つのこと）
1　お客様とのコミュニケーションを大切にする
2　もの作りに丁寧に取り組む
3　誰かを笑顔にするためにいつも全力を尽くす

https://www.instagram.com/nikonikonikonn

# 自分らしさと価格のバランスをとって長く活動を続ける

レザーアクセサリー .hitohira.（ヒトヒラ）
**rino** さん

アパレル関連の仕事をしていたお父様の「質のよいものを長く使う」という方針に影響を受け、子どもの頃はお父様の革の靴を磨くことが好きだったというrinoさん。自分の手からアートを生み出すことを仕事にしたいとデザインを学び、就職した企業では迷わず「革」の財布をデザインするお仕事を選びました。一緒に働くデザイナー仲間とマルシェに出店したことがきっかけで、革を使ったアクセサリーでハンドメイド作家デビュー。

その後9年間は企業デザイナーの傍ら、バッグ作家のお友達と「TIKA室」と名づけたユニットで兼業作家を続けましたが、企業デザイナーとしてのキャリアに不安を感じ、家族の後押しもあって独立を決意しました。

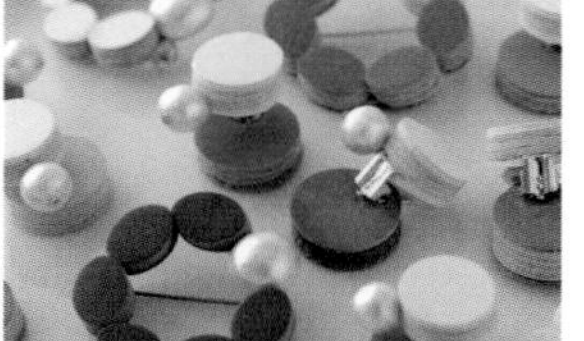

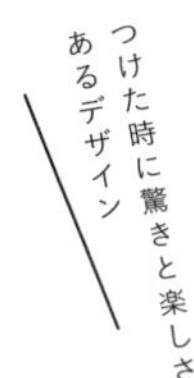
つけた時に驚きと楽しさがあるデザイン

ハンドメイド作家を本業にしたことで、作る量は劇的に変化。イベントに出店するごとに売上が上がり、委託販売の声をかけてもらうことも増えました。「ちゃんとやれば、ちゃんと売れる！」を実感したそうです。

素材を革に絞り、しなやかで女性らしい柔らかい色合いの作品作りで人気ブランドに成長してきたrinoさんのブランドですが、活動をはじめた当初は「作って欲しい」と言われた異素材との組み合わせや、キッズ系のアイテム、安価な作品などのリクエストにも積極的に答えていたそうです。

ところが、喜んではもらえるものの、自身の満足感にはつながりませんでした。それがきっかけで、長く続けるには「自分らしさと価格のバランスが重要」ということに気がつきました。

現在はイベント販売や委託販売だけでなく、アトリエ兼ハンドメイドのショップを経営。2人のスタッフと、自分とジャンルが被らないアクセサリー、帽子、お財布、お菓子などの作家さんの作品も販売しています。

ハンドメイドの活動方法が多様化して、自分らしいやり方が選べる時代。rinoさんは子育てや家事、家族を大切にしながら、遠方の新しいお客様に出会える活動もしていきたいそうです。

長年の定番・レザービジューシリーズ

shop data

( ブランド名 ) .hitohira.（ヒトヒラ）

( コンセプト ) ひとひらの花弁から成る花のように、一つひとつを大切にレザーアクセサリーを作ります。しなやかに、いかようにも変化するレザーのさまざまな表情を表現しています。

( アイテムと価格帯 ) ピアス、イヤリングを中心としたアクセサリー
3,000 〜 9,000円（3,000 〜 4,000円がメイン価格帯）

( 主な活動場所 ) 東海地方のショップ、委託販売、イベント出店

( ヒストリー )
2000年　TIKA室として、バッグ作家のako（現tangible）と共に活動スタート。同年、企業デザイナーとして革財布のデザインをはじめる。イベント出展、個展と共にショップでの取り扱いも開始
2009年　企業デザイナーを退職
2011年　アトリエショップを名古屋、覚王山にオープン
2015年　屋号を.hitohira.に変更し、再スタート 。取扱店舗7店ほど。マルシェに月2回、百貨店催事に年3回ほど出店

( 活動歴 ) 20年

( 活用しているSNS )
Instagram、Facebook

( ハンドメイド活動で大切にしている3つのこと )
1　作家性とファッション性のバランス
2　規則正しく働く
3　家族とのバランスを大切にする

https://www.instagram.com/hitohira_rino

# おうちでできる仕事探しがきっかけでハンドメイド作家デビュー

フォト刺繍・Little ones（リトルワンズ）
渡辺志保さん

パンもお味噌も物作りも！　とにかく自分で何かを作るのが大好きという渡辺志保さんが、調理の仕事からハンドメイド作家に転身したのは、病気による手術がきっかけでした。

体力のいる調理場での仕事を術後に続けることが困難で、どうしようかと思っていた時に、偶然、テレビでハンドメイドマーケットminneの存在を知りました。

おうちで仕事ができる！　とminneに登録したのが入園入学シーズンだったこともあり、幼稚園で使えそうなエプロンと、ハンカチ、スタイなどベビー小物を作り出品。また、特別感のあるものでお客様に喜んでもらいたいと、刺繍ができるミシンを購入し、名入れサービスをスタート。するとどんどん注文が入ってくるようになり、朝から晩まで制作に追われるようになりました。体のために好きな調理の仕事を辞めたのに、体に負担をかけてハンドメイドをしていることに不安を感じるようになっていきました。

そんな時にふと目に止まったのが、名入れで使う刺繍用のソフトに入っていた、写真からデータを作成しミシンで刺繍をするというペットのフォト刺繍でした。昔飼っていた猫を刺繍にできると思うと、その特別感にワクワクしてきました。

ところが、すでに売上が上がっているお名入れ雑貨の販売をやめ、売れるかどうかわからない高単価なフォト刺繍をはじめることに悩んで、2年ほど経過。そんな志保さんを後押ししたのは、名入れ作品を作る同業者が増えて

お客様の写真がそのまま刺繍に！

きているという現実と、同じ形のバッグでも、どれ一つとして同じものにはならない「世界に一つだけ」というフォト刺繍の強みでした。
「ワンちゃん、猫ちゃんを家族のように大切にしているお客様と、でき上がるまでのワクワクを共有させてもらえることが楽しい」という志保さん。迷っていた時があったからこそ、幸せだと思える今があると実感しています。

色も形もバリエーション豊か

## shop data

(ブランド名) リトルワンズ（Little ones）

(コンセプト) うちの子と一緒にお出かけ

(アイテムと価格帯) ペット写真を刺繍で再現したバッグ
価格：9,800～26,500円

(主な活動場所) インターネット販売（TanoMake、minne）

(売上目標) 2021年は月商40万円が目標（2024年までに月商70万円）

(ヒストリー)
2014～2015年　二度の手術を経験
2016年 3月　minneで販売スタート
2017年12月　オンラインサロンで勉強をはじめる
2018年11月　ベビーグッズと並行してフォト刺繍販売を開始。その後、何に絞って販売をするか2年間迷走
2020年11月　リトルワンズとして販売を開始。現在はフォト刺繍の「リトルワンズ」と、名入れハンカチの「Sweet Dreams」とブランドをふたつに分けて活動

(活動歴) 5年

(活用しているSNS)
Twitter、Instagram、アメブロ、note

(ハンドメイド活動で大切にしている3つのこと)
1　思い出の写真をお借りするので、気持ちに寄り添うこと
2　お客様を笑顔にすること
3　迅速、丁寧な対応

https://www.instagram.com/littleones_neco/

# 特徴のある結び方の意味が強みに。記念日に作るアクセサリーを日常で楽しんで欲しい！

Denimuni(デニムニ)
寺山貴子さん

近所の先輩ママに「おうちでお仕事ができるから」と誘われて、アクセサリー作家としてデビューした貴子さん。独自性に試行錯誤しながら思い出したのは、独身時代に勤務していた雑貨屋さんで取り扱っていた「水引」でした。針金でも糸でもないけれど、結び方を変えることで自由に形が変わるおもしろさに夢中になりました。できあがった作品をインスタライブで紹介する際に、水引の結び方の持つ意味を紹介。すると、入学式や卒業式に身につけたいというオーダーが増えていきました。「人と人の結びつきや長寿を意味するあわじ結びを中心に、これから新しい生活を送る人たちに楽しい時間を過ごして欲しいという思いで作っています」。

## shop data

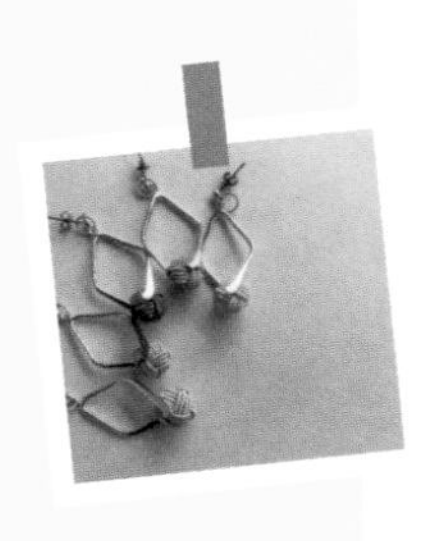

（ブランド名）Denimuni（デニムニ）

（コンセプト）「記念日」の特別な気持ちを普段にも。
デニムにも合う水引アクセサリー

（アイテムと価格帯）ピアスやイヤリング、ブローチなどのアクセサリー
(セミオーダーメイドアクセサリー)
1,000円から3,000円くらい

（活動場所）Instagram、minne

（売上目標）月10万円（インスタのオンラインマルシェで販売）

（活動歴）約2年

（ハンドメイド活動で大切にしている3つのこと）

1 お客様とのコミュニケーション
2 丁寧な作り、軽さなど着け心地のよさを妥協しない
3 楽しく学び、自分の目標に向かって続けること

https://www.instagram.com/denimuniii

はじめに

# ハンドメイド作家さんにとって成功の鍵は？

2020年、世界中を恐怖に陥れた新型コロナウイルス感染症の拡大によって、「今までの当たり前」は「当たり前」ではなくなりました。

不安や戸惑いの中で生まれたのが、リモートワーク、非対面型、密を避ける、といった新しいルール。

それまでは人が集まることで経済が回っていましたが、今後、コロナが収束したとしても、新しいルールは「今後の当たり前」として残っていくことと思います。

ハンドメイドの業界にも、少なからぬ影響がありました。大型イドイベントでお客様と出会い、週末ごとに開催されるイベントで売上をあげていた人たちが、大きな打撃を受けました。

一方、「動画」や「ライブ」を取り入れることで、売上を安定させるハンドメイド作家さんも現われています。

環境の変化や場所に左右されない活動をはじめている人たちが、どんどん活躍の場を広げています。

2017年6月に『高くても売れる！ ハンドメイド作家 ブランド作りの教科書』がリリースされてから4年。副業、本業問わず、ハンドメイド作家としておうちにいながら収入を得る人たちが、実に増えています。

が！　そこには格差も生まれています。

お仕事になるハンドメイド作家さんと、お仕事にならないハンドメイド作家さんにはどんな違いがあるのでしょうか？
　鍵となるのが、「個性」です。「個性」をブランディングして、ブレずに活動し続けた人たちがファンの心をつかみ、応援されるハンドメイド作家さんとして成長しているのです。

「ステイホームの期間にミシンが売れた」という話を耳にしたことはないでしょうか。マスク作りのためのミシン購入をきっかけに、メルカリやマーケットサイトに投稿してハンドメイド作家デビューした人たちが、たくさんいます。

　ハンドメイド作家さんが増える中で、選ばれる作家、高くても売れる作家になるためには、どうしたらいいでしょうか？
　インターネット上で語られるハンドメイド作家さんのお悩みは、相変わらず「価格」についてのことがダントツです。私が思うに、ハンドメイド活動を続けていく上で、最初の壁が「価格」です。安くしないと売れないと思いがちですが、お客様は価格だけで選んでいるわけではなく、むしろ価格だけで勝負しようとするとうまくいかないのです。
　改訂版となるこの本では、「高くてもあなたから買いたい」と言われるハンドメイド作家になるための基礎的な知識に加えて、特にSNSを活用したオンライン販売に関するノウハウを大きく追記しました。時代の流れに沿う活動方法の中から、あなたにあったものを見つけていただけたら嬉しいです。

　ブランド力を高めて、高くても売れるハンドメイド作家として活躍しましょう！

Contents



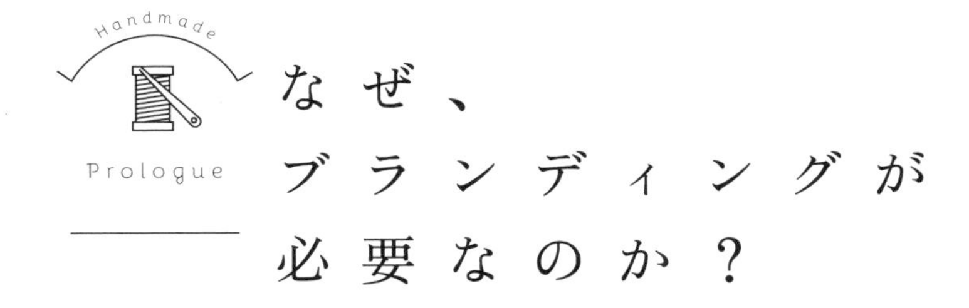

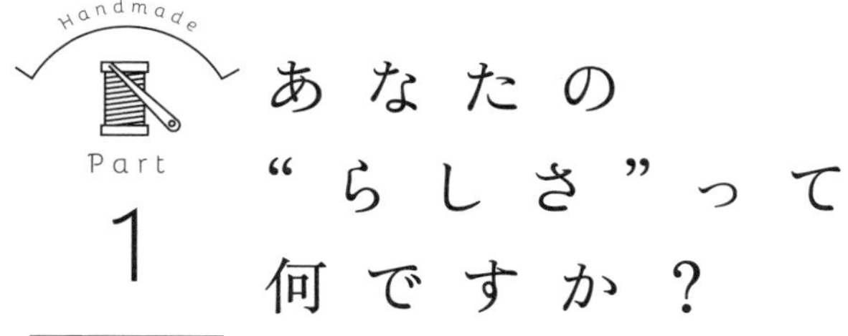


# あなたの“らしさ”って何ですか？

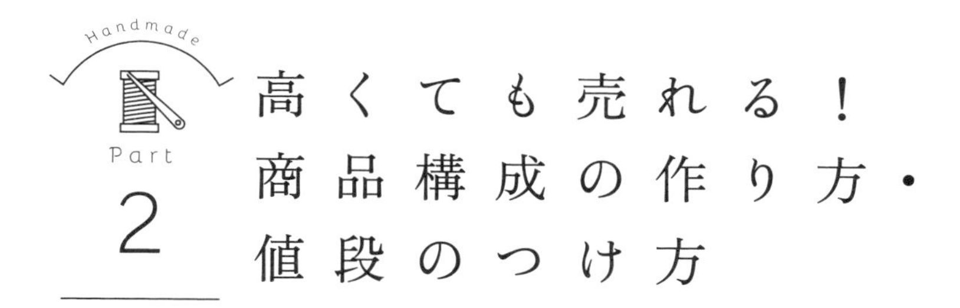

## Part 2 高くても売れる！ 商品構成の作り方・値段のつけ方

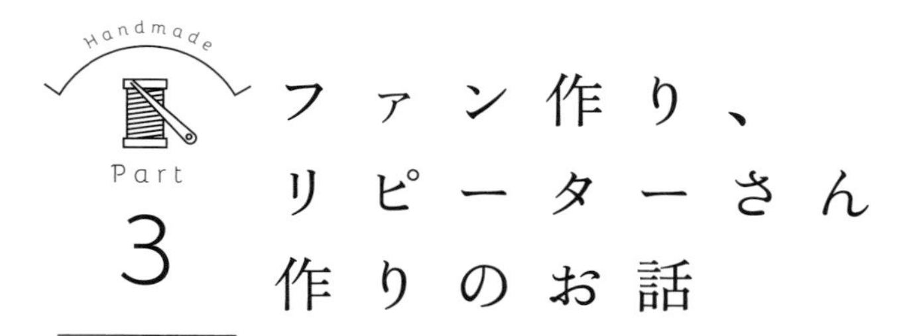


## ファン作り、リピーターさん作りのお話

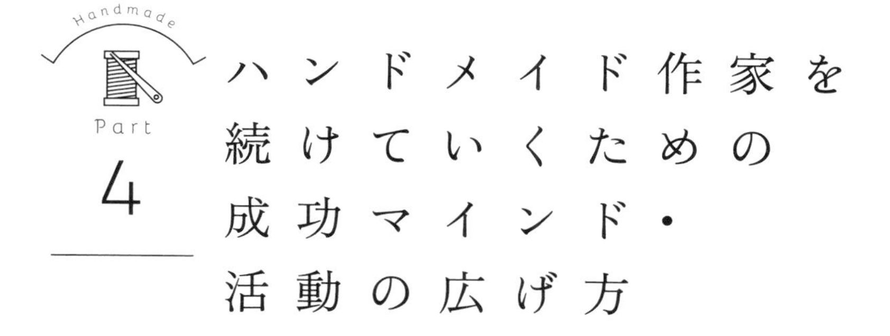


ハンドメイド作家を続けていくための成功マインド・活動の広げ方

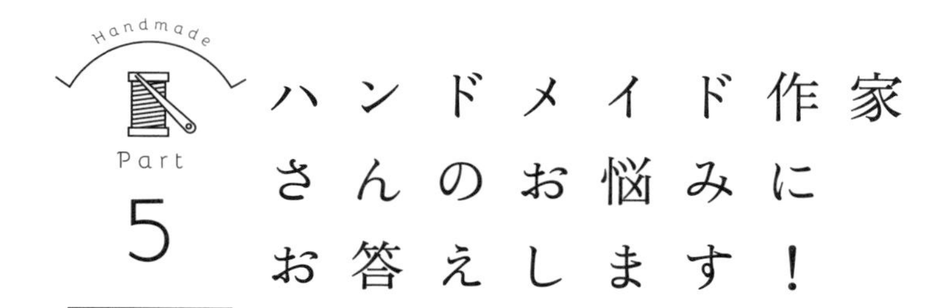

Part 5 ハンドメイド作家さんのお悩みにお答えします！

ブックデザイン・DTP　高橋明香（おかっぱ製作所）
イラスト　ノダマキコ

本書は2017年6月刊行の
『高くても売れる！ ハンドメイド作家 ブランド作りの教科書』をもとに、
大幅に加筆修正した最新版です。

# なぜ、ブランディングが必要なのか？

## Prologue Point

世の中にはかわいいもの、素敵なものがたくさんあります。
その中でも売れるものと売れないものがあります。その「差」は何なのでしょうか？
この章では、その「差」を作るために必要なブランディングについてお話ししていきます。
ブランドって何？　というところから、ブランディングするために必要な「らしさ」の作り方まで、知っておきたいあれこれについて例をあげながらわかりやすく説明しています。
あなたもブランド作りをはじめましょう。

# lesson 01 そもそも ブランドって なぁーに？

いきなりですが、質問です。

この中であなたが「ブランド」だと思うものはどれでしょうか？

エルメス
ユニクロ
大間のマグロ
ガリガリ君

さらに質問です。

あなたがブランドとして選んだものはどれで、選ばなかったものは、なぜ、ブランドではないのでしょうか？

ブランドと言うと、どうしても高価なものや自分が日頃あまり興味を持って接していないものと感じる方も多いと思います。

しかし、ブランド価値とは「価格」だけで決められているものではありません。ちなみに私が4つほど挙げさせていただいたものは、私の定義に当てはめるとすべてブランドになります。

その理由について説明をします。

そもそもブランドとは、自分の家畜と他人の家畜とを区別するために焼印を押したことが語源と言われています。

つまりは「自分のものです」という印をつけて、他のものと差別化したことがはじまりです。またネットで「ブランドとは？」と検索すると、「他の同カテゴリーの財やサービスと区別するため」とか「他と区別できる特徴を持つもの」といった説明も見られます。

私なりのブランドの定義はシンプルです。「らしさ」を持っているものです。「らしさ」というのは、「あ〜、あのブランドっぽいね」、「やっぱりこのブランドだからね」と、受け取る側も同じイメージを持っていて、なおかつ、そう言わせる特徴や強みがあるということです。

たとえばエルメスは歴史があり、高級であると知られていますよね。ユニクロといえば、買いやすい価格帯でありながら実用的であり、機能性に優れていると思われています。またヒートテックという商品は代名詞のように一般的に知られています。

居酒屋さんで「今日は大間のマグロが入っているよ」と言われたら、誰もが「絶対においしいに違いない！」と期待します。そしてガリガリ君といえば安くておいしいアイスキャンディだということや特徴的なキャラクター、さらに「ガ〜リガリ君♪」のユニークなコマーシャルソングも広く知られています。

実例に挙げた4つのブランドにはみんなそれぞれに、エルメスらしさ、ガリガリ君らしさなどの「らしさ」が備わっていて、その強みや特徴をお客様が同じようにイメージできるものとなっています。

「ブランドになる」というのは、つまりは自分たちが作っている「らしさ」を正しくわかりやすく伝えることでもあります。

lesson

# 02 人気ブランドを作る3つの要素とは？

ブランドになるためにはどうしたらいいのだろう？　ということをわかりやすく伝えたいと思ったことがきっかけで、「ブランド」だと思う企業を調べはじめました。皆さんにも理解してもらいやすいように、身近なブランドをピックアップしたうちの1つが「ガリガリ君」でした。

ガリガリ君のHPには、ガリガリ君誕生の話が掲載されています。誕生の経緯は短い物語のようで、自然に頭の中に入ってきますよね。

開発秘話を読み、赤城乳業という会社に興味を持った私は、会社案内のページをクリックし、この会社の「遊び心」を伝える表現力にふれて、あっという間にファンになってしまいました。

なんと、会社案内がアイスキャンディをかじった形になっているのです。

それだけではありません。会社案内に描かれている文章は誰にでもわかりやすい言葉で書かれていて、しかも赤城乳業が大切にしているという「遊び心」について、熱い思いがアイスキャンディの中に表現されていました。

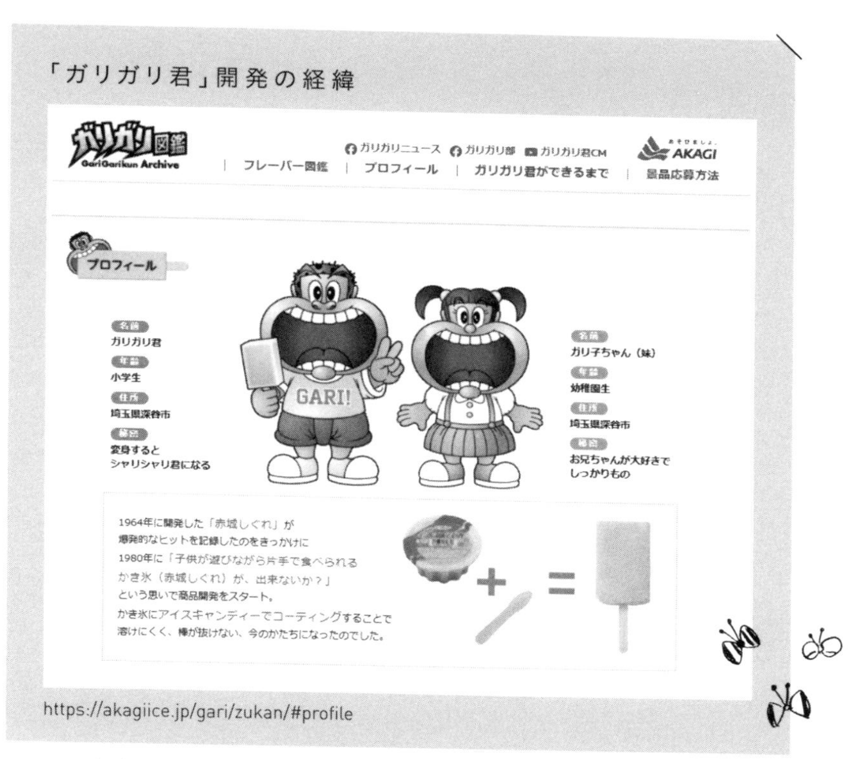


この文章に書かれている会社の思いに感動してしまいました。

そしてとてもそれがわかりやすかったので、セミナーを受講してくださる皆さんにも共有させていただくようになりました。

あらためて会社のロゴマークを見てみると、ロゴの上には「あそびましょ」という言葉が書かれていました。赤城乳業が大切にしていること、商品作りに対する姿勢がこのひと言に凝縮されています。

そんな赤城乳業も、リーマンショックが起こった頃には、他のメーカー同様、お金がかかる新商品の開発よりも定番品の販売に力を注いでいました。すると赤城乳業ファンや小売店のバイヤーから「赤城乳業は最近全然遊んでいない！」「チャレンジしていない！」「そんなガリガリ君は見たくない！」という声があがったそうです。

その声を聞いた先代の社長がチャレンジ精神を取り戻そうということで、2013年に発売したのが、「ガリガリ君 リッチコーンポタージュ味」です。記憶に残っている人が多いかと思います。

実は赤城乳業の社内でも、このチャレンジに反対する人が多かったそうですが、社長の鶴のひと声で販売を決定。結果、ツイッターやフェイスブックなどのSNSで拡散されて大ヒットにつながりました。

「あそびましょ」というのはファンが赤城乳業に共感するポイントであり、お客様と共有している大切な共通のイメージ、「らしさ」なのです。

ブランドってどんなものかをまとめると、次の3つの要素があるものだとわかります。

1 大切にしている思いがある！
2「らしいね」に一貫性がある！
3 共感しているファンがいる！

ガリガリ君にもこの3つが備わっていますよね。

ブランドってそういうことね！
ということはご理解いただけたでしょうか？

あなたのまわりにもたくさんのブランドが存在しています。もちろん、あなたが好きなハンドメイド作家さんの中にも思い当たる人がいるのではないでしょうか？

参考：『スーさんの「ガリガリ君」ヒット術』（鈴木政次著・ワニブックス）

## 赤城乳業の会社案内

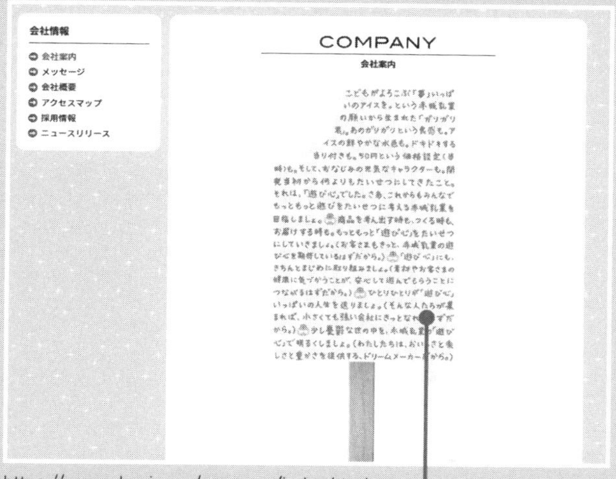


https://www.akagi.com/company/index.html

こどもがよろこぶ「夢」いっぱいのアイスを。という赤城乳業の願いから生まれた「ガリガリ君」。あのガリガリという食感も。アイスの鮮やかな水色も。ドキドキする当り付きも。50円という価格設定（当時）も。そして、おなじみの元気なキャラクターも。開発当初から何よりもたいせつにしてきたこと。それは、「遊び心」でした。さあ、これからもみんなでもっともっと遊びをたいせつに考える赤城乳業を目指しましょ。商品を考え出す時も、つくる時も、お届けする時も。もっともっと「遊び心」をたいせつにしていきましょ。（お客さまもきっと、赤城乳業の遊び心を期待しているはずだから。）「遊び心」にも、きちんとまじめに取り組みましょ。（素材やお客さまの健康に気づかうことが、安心して遊んでもらうことにつながるはずだから。）ひとりひとりが「遊び心」いっぱいの人生を送りましょ。（そんな人たちが集まれば、小さくても強い会社にきっとなれるはずだから。）少し憂鬱な世の中を、赤城乳業の「遊び心」で明るくしましょ。（わたしたちは、おいしさと楽しさと豊かさを提供する、ドリームメーカーだから。）

lesson

# 03 「らしさ」を作るのはモノだけではない

ガリガリ君を例にお話しした通り、モノ作りの背景、思い、そしてモノそのもの、それに付属するもの（ガリガリ君の例で言うとHPなどの表現ツールも当てはまります。ハンドメイド作家さんの場合にはブランド名やロゴ、タグ、リーフレット、名刺、ブログなども当てはまります）などは、それぞれを上手に語ることができたり、作れていても、それだけで「らしさ」を生み出すことはできません。

すべてに一貫性があることが「らしさ」、つまりは世界観につながります。その「らしさ」に共感した人たちが、ファンになり、リピーターになり、「高くても欲しい！」と言ってくれるお客様になります。

私たちは自分が好きなものを、好きな時に、好きな場所、好きな人から買える時代に生きています。バッグもブローチもお洋服もアクセサリーも、買おうと思えばどこででも購入することが可能です。駅ビルに出店しているお店や百貨店、ネットでも買うことができます。それでも、「この人から買いたい！」「この作品だったら待ってでも買いたい」と思う人がいる時代なのです。

あなたも同じお金を払うのであれば、多少高くても、自分が選んだものに気持ちよくお財布を開きたいと思いませんか？

大きな企業も、よりよい商品やサービスを作るだけでなく、どうやって作られているのか？　制作の現場はどうなっているのか？　どういう人たちが働いているのか？　といった、今までは見えていなかった企業の裏側を見せはじめています。
「日本のハンバーガーをもっとおいしく」のキャッチコピーで知られるモスバーガーは「モスバーガーのひみつ」というページで誕生秘話、作り方をすべて公開しています。HPには「モスの想い」という項目があり、素材そのものをどう作っているのか、どういう活動をしているのか、どう社会に関わっているのかを徹底的に見せています。

素材も作り方も、でき上がったハンバーガーも思いも一貫している。これが「らしさ」の基礎になります。

ハンドメイド作家さんにも、作品だけでなく自分の「思い」とモノ作りの姿勢をお客様と共有しはじめている人たちがいます。

犬のお洋服を作って販売しているwanブランド・アドゥマンの旗手愛さんは、犬服を作りはじめたきっかけと、今、犬服を作っている思いをこんな風に語っています。

「2003年12月にひと目惚れしたミニチュアダックスフンド・オリーブを家族として迎え入れましたが、オリーブは他の犬が苦手。そこでいつも私が一緒にいるよ、という思いを込めてお揃いのお洋服を作りはじめました。その後、もう1頭、同じ犬種のバジルを迎えましたが、バジルはアレルギーがあり、肌を守るためにも体に負担のない犬服作りが必須になり、素材と型紙の研究もはじめるようになりました。

愛らしい2頭は自分にとって子どものような存在で、毎日が本当に楽しく、愛おしい日々でした。

ところがある朝、目が覚めるとオリーブが突然にお空に旅立っていました。

この出来事は悲しみだけでなく、今まで普通に迎えることができた『明日』がどんなに愛おしいものだったのか、笑顔で過ごせる日々がどんなに大切なのかということを教えてくれました。

フランス語で付けた犬服のブランド名は『アドゥマン』と言います。フランス語で『また明日』という言葉に思いを込めて、ワンちゃん達と暮らす飼い主さん、そして子どものような存在のワンちゃん達と笑顔で暮らせるように犬服を作っています」

旗手愛さんは現在、このストーリーと思いをブログのトップページやリーフレットに記載しています。またこの思いをどのように商品作りに反映させるのかを「3つのお約束」という言葉で、リーフレットやタグに掲載しています。

私も犬と生活しているので、愛さんの思いに共感し、モノ作りの姿勢に安心を感じます。

同じお財布を開くのであれば、志がある人、共感できる人、素敵だなと思う人から買いたい！　モノが豊かな時代だからこそ、かっこいい、素敵、かわいいモノだけでなく、作り手の思いやモノ作りの姿勢含めてあなたの価値になります。

Point

**愛さんがお客様にお伝えしている**
**「自分が犬服を作る上で大切にしている３つのお約束」**

1 きれいなシルエットでありながらwanちゃんにとって動きやすいお洋服にこだわります。
2 毎日のことだから、wanちゃんにもあなたにも優しい素材を選びます。
3 wanちゃんとあなた目線のちょっと嬉しい商品を作ります。

# アドゥマンの誕生ストーリー、思い、3つのお約束が書かれたリーフレット

[PC/スマートフォン]　http://ademain.biz/

ネットショップ・イベントなどで販売中

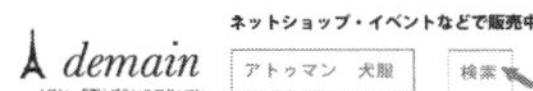

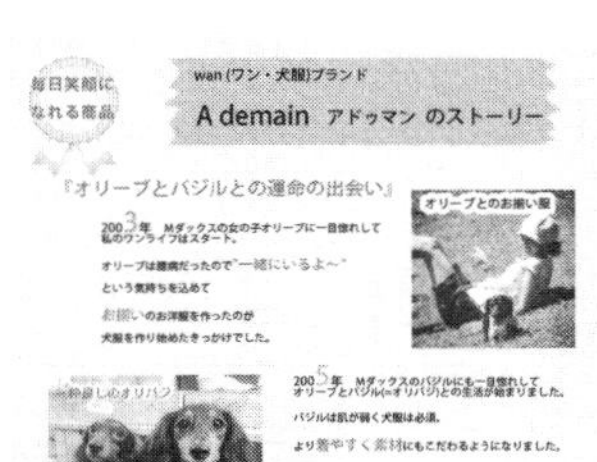

毎日笑顔になれる商品

wan（ワン・犬服）ブランド

A demain　アドゥマン のストーリー

『オリーブとバジルとの運命の出会い』

オリーブとのお揃い服

2003年　Mダックスの女の子オリーブに一目惚れして
私のワンライフはスタート。

オリーブは腰病だったので"一緒にいるよ～"

という気持ちを込めて

お揃いのお洋服を作ったのが

犬服を作り始めたきっかけでした。

2005年　Mダックスのバジルにも一目惚れして
オリーブとバジル(=オリバジ)との生活が始まりました。

バジルは肌が弱く犬服は必須。

より着やすく素材にもこだわるようになりました。

オリバジと一緒にお風呂に入ったり、

ご飯も手作りしたり、

色んな所へおでかけ。

私にとってオリバジは子供のような存在になっていました。

『A demainアドゥマン　また明日』

ある春の日の朝

オリーブとのお別れは突然訪れました。

その時私は

いつも同じ明日が来るわけではない。

1日1日大切に生きようと思ったのです。

A demainアドゥマン　また明日 という意味の

フランス語に乗せて

今までオリバジに教えてもらった事を大切に

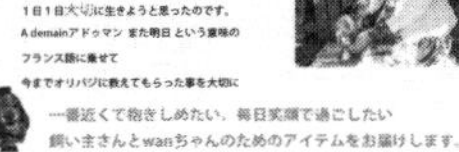

一番近くで抱きしめたい、毎日笑顔で過ごしたい
飼い主さんとwanちゃんのためのアイテムをお届けします。

▶アドゥマンの商品について◀

wanちゃん服、オーナーさんのとのお揃い親バカアイテム、
らくちんスリング、アイデアお散歩バッグ、工夫のあるベッドなど、
あなたのワンライフに寄り添う色んなアイテムを製作・販売しています。

＊その他のサービス

1　大切な家族の「思い出」も「今」につなげます。
ワンちゃんがサイズオーバーで着れなくなったお洋服、
お子さん＆アナタの大切にしているお洋服をリメイクします。

2　お名前入れサービスwanちゃんのお名前入れをいたします。
リボン印刷は無料、ステンシルプリントは有料でお名前入れいたします。

3 安心サービス
（ネットショップでお買い物する時の不安にを解消するために）
1箇所からサイズオーダー可能。
1週間以内のサイズ交換可能。（セミオーダー、フルオーダー除く）

MY NAME IS NANA

▶3つのお約束◀

きれいなシルエットでありながら
wanちゃんにとって動きやすい
お洋服にこだわります。

大切な家族の一員だからオシャレ、
かわいい、だけでなく
wanちゃんの体型にとって
動きやすい、
着心地のよさを日々研究して
シルエット作りをしています。

毎日のことだから、
wanちゃんにもあなたにも
優しい素材を選びます。

綿や天然素材、時には人工素材
などを入れることにより、
しわになりにくく
お手入れしやすい、
wanちゃんのお肌に
優しい素材を選んでいます。

wanちゃんとあなたの日常の
ちょっと嬉しい商品を
作ります。

wanちゃんとあなたにとって
「あったらいいな」
を想像するのが得意な
アドゥマンでは、
脱ぎ着しやすい、
生活が便利で快適になる商品を
バジル店長のもと
楽しく企画制作しています。

# あなたの“らしさ”って何ですか？

## Part1 Point

　あなたが共感される「ブランド」になるための世界観をはっきりさせましょう。
「高くてもあなたから買いたい」と言われるハンドメイド作家になるためには「ブランド」作りが大事だというお話をしました。
　ブランドになり、「ハンドメイド作家」として活動し続けるためには共感してくれるお客様が必要です。そのお客様に知ってもらうためには、あなたの「らしさ」を正しく伝えることが必要です。
　この章ではあなたの「らしさ」をどのように明確にするのか？「らしさ」に必要ないくつかの要素を書き出してみました。
　実例も掲載していますので、あなたの場合にはどのように「らしさ」づくりをしていくのかを考えてみてください。

lesson

01

らしさの作り方　その1

# あなたがハンドメイド作家である理由——ミッションを作ろう

2017年3月、私のアカウントで配信したフェイスブックライブ動画で、このようなアンケートを取ってみました。「SNSで見かけた作家さんのハンドメイド品を購入するまでに、何をチェックしていますか？」という質問です。

値段、SNSに流れてくる頻度、ハンドメイドマーケットのレビューなどの選択肢がある中で、一番多かった回答が「その作家さんがSNSに投稿している内容」、2番目に多かったのが「ブログ」という回答でした。

いただいたコメントの中には、「作品がいいなと思ったら、まずはブログで人柄をチェックする」「レビューなどでのお客様とのやりとりを見て、好感が持てるとファンになる」といったものや、「どのような活動をしている人なのか、どういう思いで活動しているのかは興味がある」という意見がありました。

人はお買い物をする際に「失敗したくない」という意識が働きます。でもそれだけでなく、作っている「人」や「思い」なども、数ある素敵なハンドメイド品の中で、「この人から買いたい！」と選ばれる理由になりつつあるということは、プロローグでもご紹介しましたね。

あなたがハンドメイド作家である理由はなんですか？

あなたの回答はきっとこのひと言に尽きると思います。

「好きだから」。

多くの作家さんはこの「好きだから」というモチベーションでハンドメイド作家としての活動をスタートしていると思います。また「得意だから」という方もいるかもしれませんし、「売ってみたら売れたから」という人もいるかもしれません。

実際には「理由なんて考えたことがない！」というのが本音だとは思うのですが、ハンドメイド作家として、この先も仕事として継続していくことを考えているのであれば、あなたの原点を知っておくことは、モチベーション維持のためだけでなく、あなたの思いをお客様と共有するためにとても大切なことだとご理解いただけたと思います。

何よりもあなたの思いが共感、共有されることで、そのブランドがより長く、深く愛されるブランドになることにつながります。

プロローグでご紹介したwanブランド・アドゥマンの旗手愛さんは愛犬との悲しい出来事がきっかけで、ペットと暮らす人たちの明日の笑顔を作りたいという思いが生まれました。それをブログやリーフレット、タグなどで言葉にして紹介していくことで、同じ思いを持つお客様が共感し、愛されるブランドとして成長しています。

あなたも自分の活動の原点を言葉にして、それをお客様と共有していきましょう。

lesson

# 02

CASE ミッション作り

# 何のための親子コーデ服なのか？

インスタグラム流行りの昨今、ママと子どもがお揃いのお洋服を着るコーディネート、通称·親子コーデ服の写真をよく見かけます。

親子コーデ服のブランド、omusubi-five（オムスビファイブ）を立ち上げた阿部奈々さんは3人の男の子のママです。

育児と家事を日々こなしながら、作家活動も楽しんでいる奈々さんには、実はこんな思いがあるそうです。

「もう一度女性に生まれたら、子どもを持たない人生を歩みたい！」

そう思うようになったのは、ご飯を食べ終わるまでずっと椅子に座り続けることも、1人のコーヒータイムを過ごすことも、やりたいと思っていたことすべて、子どもの「ママ」のひと声で遮られてしまうことにありました。それが、これほどフラストレーションの溜まることだとは思っていなかったと言うのです。

子どものために時間と神経とエネルギーを使い、それでもなお自分の子育てに不安を感じてしまうのは、きっと奈々さんだけではないでしょう。

それでも、子どものために、家族のために、あれもしなくちゃ、これもしなくちゃ、いやだな、大変だなと思って泣きそうな毎日の中で、子どもが「お手伝いするよ」と声をかけてくれたり、寒くても、朝早くても、子どもの習い事につき合った結果、子どもが目標を達成することができたり、子育ての9割の大変さや不安をかき消してくれる、ママにとって最高に嬉しい「魔法の1割」があると奈々さんは実感したそうです。

「子どもの成長は早いので、ママ、ママとせがまれるのは一時のこと。ママが選んだお洋服を着てくれるのも、家族でお揃いのお洋服を着るのも一時かもしれません。その一時を存分に楽しめるような親子のコーディネート服を作ることで、魔法の1割に値する嬉しさ、楽しさを作るお手伝いができたらいいなと思っています」

奈々さんも、最初は親子コーデ服を作る理由など考えたことがなかったそうです。「作りたかったから」「着たかったから」というシンプルな理由しか思い浮かばなかったそうですが、それでも、なぜ作りたいと思ったのか？　作ったらどんな気持ちになったのか？　その気持ちは誰が共感してくれるのか？　共感してくれる人はなぜ共感するのか？　などの質問の回答を重ねていくうちに、どんどん自分の思いが明確になり、「こういう人に喜んで欲しい」が想像できるようになりました。

あなたは、あなたのハンドメイド活動を喜んでくれる人の顔が思い浮かびますか？

その人は、いつもあなたを支えてくれる大切なお友達や家族かもしれませんし、もしくは数年前のあなたかもしれません。

自分のために作ることは自分を喜ばせ、ハッピーでいるために大切なことですが、自分以外の誰かの顔が思い浮かぶようになった時こそ、プロのハンドメイド作家としての第一歩がスタートします。

https://teshigotot.exblog.jp/

Point

**阿部奈々さんのミッション**

子育てがひと段落して「本当はこれがやりたかったんだ！」と夢に向かい出したママさん。これからの人生、自分の道は自分で決める素敵な女性に、素材・型を選んで着る、選べる自分になれるようなお洋服をご提供することが私のミッションです。

オムスビファイブの３つの約束
・可能な限り３シーズンの着回しができる素材とパターンを使います
・自宅でお洗濯、お手入れがカンタンにできる素材を選んでいます
・着ている人にしかわからない「笑顔になる秘密」を提供します

お揃い服を着てくれる時期が短い一時だったとしても、たくさん着て欲しい！　という思いから、3シーズン着られるもの、お手入れが自宅でできるものを前提にお洋服を制作しています。

また、シンプルでナチュラル、何にでも合わせることができるのもオムスビファイブのお洋服の特徴ですが、ポケットの中身や裏地の生地だけ柄や色を変え、着ている人にしかわからない「特別感」をお客様と制作者だけが知っている「笑顔になる秘密」として共有しているそうです。

共有したい思いと共感してほしい相手がはっきりしているからこそ、「お客様とのお約束」をまとめることができました。

Handmade

lesson

# 03 あなたの原点が「ミッション」になる！

奈々さんの例のように、あなたがなぜハンドメイドをするのか？　の原点を知ることで、誰のために役に立ちたいのか？　誰と共有し、共感してほしいのかを明確にすることで、あなたがハンドメイドの仕事をする上での役割が見えはじめます。

この「役割」をミッションと表現します。

ミッションには「使命」という意味がありますが、「好き」が原点というハンドメイド作家さんにとって、「自分の使命とは？」と聞かれたところで、答えるのはとても難しいことではないかと思います。

そこで奈々さんのように、ハンドメイドをはじめたきっかけや、日々あなたが制作しながら思っていること、誰にどんな風に喜んでもらいたいのか？　をまとめてみることからスタートしてみましょう。

意外にも、あなたの気づいていないモノ作りに対する強い思いが見えてくるかもしれません。

## ミッションを作るワーク

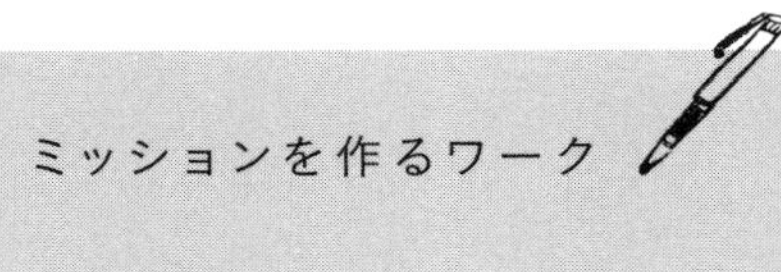

1　あなたはなぜハンドメイドをはじめましたか？
もしも誰かの影響だとしたら、どんな風に影響を受けたのか？　何が素敵に見えたのか？　などを考えてみましょう。

例

おばあちゃん子だった私は、おばあちゃんのエプロンのポケットから出てくるがま口の「パチン」という音が大好きでした。「パチン」というがま口の音は、今も亡くなったおばあちゃんとの懐かしく、優しい思い出です。私はがま口作りを通して、懐かしさや優しさを表現したいと思っています。

2　あなたがハンドメイドをすることで、どんな時、どんな感情にいい影響を与えましたか？

例

自分が自信をなくしかけた時にがま口を開き、閉じ、パチンという音を聞くたびに大好きなおばあちゃんがそばにいてくれるようで優しい気持ちになり、元気になれました。

3　あなたがハンドメイドしたものは誰に、どんな風に喜んでもらえましたか？

例

懐かしさや優しさを表現するためにレトロな柄の生地を選んでいるので、レトロな柄が好きな人、そしてがま口が好きな人たちに喜んでもらえています。

4　あなたはあなたのハンドメイドを通じて誰をどんな風に幸せにしたいですか？（ミッション）

例

日常生活に疲れている人たちに、懐かしい柄、色合い、素材のがま口と「パチン」という元気でかわいい音で日々を励ましてあげられるモノづくりをすることです。

Point

**ミッションは考えることがスタート地点です。難しく思う方もいるかとは思いますが、まずは自分がどうしてハンドメイドをやっているのかな？　ということを「好きだから」以外の言葉で見つけるのも楽しいと思います。**
**また、ミッションは一度決めたらそれで終わりというわけではありません。あなたの活動のステージに応じて、あなたの気持ちも変化していくと思います。変化を楽しみながら、あなたのミッションも柔軟に変えていきましょう。**

lesson

04

らしさの作り方　その2

# 「○○さんらしいね」を言葉で伝える
## ——コンセプトを作ろう

ブランドに必要な3つの要素の1つに「『らしいね』に一貫性がある！」と、プロローグに書きました。
「らしさ」を作るためにはまず、あなた自身がどういうモノを作っているのかを〈伝わる言葉〉で、見ている人に伝える必要があります。それを「コンセプト」と言います。

ハンドメイド作家さんの多くは、自分が作りたいもの、作れるものを作るところからスタートしているかと思います。あらためて、「どのようなものを作っていますか？」と質問してみると、うまく言葉にして伝えることができないケースが多いようです。
「見たらわかります！」という方もいらっしゃるかもしれませんが、伝えたい内容の解釈を相手に任せてしまうということは、自分が伝えたいことが違う意味で伝わってしまうかもしれないので、とても危険だと思います。

あなたが思っていること、伝えたいことを伝わるように伝えて、それに共感したお客様が集まることが、長く愛されるハンドメイド作家になるために必要なことです。

そのためにもお客様にあなたの作っているものがどういうものなのか？　を伝わる言葉で伝えていきましょう。

また「コンセプト」がはっきりすると、自分の作品作りの土台ができます。

自分の作品のコンセプトはこうだから、こういう素材でこういうスタイルのデザインで、こういう商品構成で展開するということがはっきりします。

あれもこれもと作りたいものだけ作って、売ってはみたけれど、結局「らしさ」がわからないという悩みからも解放されます。

lesson

05

CASE コンセプト作り

# 45歳からの品よく可愛い毎日のアクセサリー

お客様にちゃんと伝わるように伝えたいと思っているけれど、どうやってコンセプトを作ったらいいのかわからないという方も多いと思います。

そこで、今のあなたと同じように、作品のコンセプトをどうやって作ったらいいのかわからないという悩みを持っていたアクセサリー作家さんの実例をご紹介します。

天然石ビーズアクセサリーの本に出会って以来、天然石に魅せられて2002年からアクセサリーを制作しているブーケ・ドゥ・ミュゲの熊谷玲子さんは、天然石を使って、とにかくいろんなデザインのアクセサリーを作ることが作家として大事なことだと思っていました。

はじめてお会いした日に、これまでに作った作品をすべて見せてもらったのですが、大きめの石を大胆に使ったちょっと派手な感じのものから、小ぶりで毎日着けられるようなものまで、さまざまなデザインのアクセサリーが出てきました。

1つひとつを見ると、こういう雰囲気の人がこんな場所で着けたらいいかなと想像できましたが、作品全体となると、何人の作家さんが作ったものだろう？　どこで売ったら売れるかな？　と考えてしまうほど、ブランドの全体像が見えませんでした。

そこで私は、玲子さんのアクセサリーを3つくらいのスタイルに分けた上で、玲子さんが作りたいものはどのスタイルか？　と聞いてみました。

アクセサリー作家として、とにかくいろんなスタイル、デザインを作るのが当然のことと思っていた玲子さんは、なぜいろんなスタイル、デザインから絞り込みをしなければならないのか、意味がわからなかったようで、理由を尋ねられました。

## なぜ、いろんなスタイルの作品ではダメなのか？

仮に玲子さんのブランドが、日本にたった1店舗しかないアクセサリーショップであれば、女性たちのさまざまな好みを満足させるために、いろんなデザインのアクセサリーが必要になりますよね。ところが今は、アクセサリーを買おうと思ったら、100円ショップでも百貨店でも、セレクトショップでも、ネットでも購入することができます。

選択肢がたくさんあるのですから、日本中の女性たちを喜ばせるためにいろんなデザインのアクセサリーを作る必要がないわけです。もちろん、作りたいのであれば誰もそれを止めませんが、売るためには「わかりやすさ」が大事だというお話をしました。

**どういう人が、いつ、どこで、何のために購入するのか？　というわかりやすさです。**

では、どうしたら玲子さんは自分のアクセサリーブランドを知ってもらい、選んでもらえるようになるでしょうか？

玲子さんのアクセサリーによって、「こういう人」が「こういう時」に、「こうやって着けると褒められるくらい素敵になりますよ！」

ということを知ってもらう必要があります。そのために「こういう人」がどういう人なのか？　どんな時に着けたらいいのかを自分から発信していく必要があります。

もちろん、いろんな人に使って欲しい、身に着けて欲しいというのが、ハンドメイド作家さんの本音かもしれません。ただ選択肢が多い今、「いろんな人」よりも具体的に「こういう人」と明確なほうが、ネットなどでは販売がしやすいのです（この話は「らしさ」の作り方 その5でお話しします）。

玲子さんのブランドがどういうブランドなのか？　を正しく知ってもらい、選んでもらうためにもお客様との共感ポイントを作る必要がありました。

その共感ポイントが「コンセプト」です。

玲子さんが作っているのは天然石ビーズをメインに使ったネックレスやイヤリングです。

天然石の優しい輝きは年齢を重ねた女性たちのお肌にとてもよくなじみますし、Tシャツにプラスするだけでオシャレ感を演出することができ、おめかししてお出かけする時には華やかさを添えてくれます。そんな天然石の魅力を玲子さん自身が実感しています。

そこで玲子さんはどんな女性に喜んでもらいたいのか？　と聞いてみました。すると玲子さん自身がそうであるように、子育てを終えて自分の時間も持てるようになった女性たちの心が豊かになるように、日々使ってもらえるようなシンプルで上質なアクセサリーを作りたいということ、そして、彼女自身がいくつになっても「自慢のお母さん」と呼ばれるような母親でありたいということを語ってくれました。

そこでできたのが
「45歳からの品よく可愛い毎日のアクセサリー」
というコンセプトです。
「45歳からの」ということで、いくつぐらいで、どういう経験を経た女性なのかが想像できます。また「品よく可愛い」という言葉で、小ぶりで上質な素材を連想させることができますよね。また「毎日の」という言葉から、生活の邪魔にならないシンプルさや軽さ、価格が想像できます。
とてもわかりやすいコンセプトとして、まとまりました。

ちなみに「45歳からの」とありますが、実際に玲子さんのアクセサリーのファンには、20代の女性も60代の女性もいます。45歳ではないから売ってはいけないのか？　と問われたら、そのようなことはありません。
百貨店のイベントでも「玲子さんの作品にハマった！」という20代らしきかわいらしい女性が毎日通ってきてくれました。髪をふんわりと巻き、リボンで結ぶ白いブラウスにミモザ丈のベージュのスカート、ローヒールのパンプスを履いている、まさに「品よく可愛い」雰囲気の女性でした。

自分の作品の特徴、いいところをぎゅっと凝縮したコンセプトを作ることで、ブランドとしての世界観が伝わりやすくなると同時に、自分のお客様がわかるようになり、新しいアクセサリーを作る時にも実際のお客様の姿の顔が浮かぶようになったと言います。

コンセプト作りで大事なのは、誰が使うのか？　誰が必要としているのか？　というお客様のことまで考え、そのお客様にどういう言葉で伝えるのかを考えることなのです。

Bouquet de Muguet　ブーケ・ドゥ・ミュゲ
https://suzuranbu-ke.com

コンセプト作りに役立つワーク
（回答はブーケ・ドゥ・ミュゲ 熊谷玲子さんのケース）

1　作っているものは何ですか？

アクセサリー

2　作っているものの素材は何でしょうか？

天然石ビーズ

3　作品のイメージは？

エレガント、フェミニン、小ぶりで上品

4　誰にどんな時に使ってもらいたいですか？　もしくはお客様にどうなってもらいたいですか？

40代、50代の女性。お友達とのランチ、ちょっとしたお出かけなどの日常にさりげなく着けて欲しい
いくつになっても「可愛いお母さん」でいて欲しい

Point

**コンセプトを考える時には「誰に」というお客様を想像することが大切です。お客様を想像する時にはP.62のペルソナ作りを参考にしてみましょう。**

lesson 06

らしさの作り方 その3

# 作品とイメージを一致させる——スタイルを統一させよう

ブーケ・ドゥ・ミュゲの玲子さんのコンセプト作りの実例（P.42）でご紹介しましたが、コンセプトは作品そのもののイメージと一致しています。

たとえば、玲子さんの作るアクセサリーは天然石ビーズを使っています。天然石ビーズの中でも上品な質感、サイズ、色のものを選び、日常使いにも邪魔にならないデザインで大人の女性でも品よく可愛らしい雰囲気になるようなデザインをしています。

あなたが作っているものの1つひとつが美しいものであったとしても、まとめて全体で見た時のイメージが一致していなければ、見ている人にとっては違和感につながります。

「らしさ」のないブランドとは、つまりは全体のイメージに一貫性がないということ。違和感は雑音として無視されてしまい、覚えてもらえなくなってしまいます。

あなたが作っているものの1つひとつは同じイメージを持たれるものでしょうか？

イメージというと、とても漠然としたもののように思われるかもしれませんが、イメージには一定の原則があり、それに基づいて形づくられています。イメージを決定づける要素は5つあります。色、形、柄（模様）、素材、質感です。それらにより、イメージはいくつかに分類することができます。

## スタイル例

### （ 1 ） メルヘンティック

色：淡いペールカラーのブルーやピンク。アイボリー、クリーム色などの柔らかい色合い
キーワード：メルヘン、空想的、淡い、清楚、夢心地、甘美
柄・素材：レース、オーガンジー、フリルなどの曲線・小花柄、小さな水玉
質感：柔らかい、ふんわり、ふわふわ

### （ 2 ） ナチュラル

色：アイボリー、ベージュ、グリーン、オレンジなど自然界にある色
キーワード：自然、シンプル、癒し、新鮮、エコロジー
柄・素材：草木をモチーフにしたもの、無地。コットン、ウール、ガラス、鉄、木など
形の例：華美な飾りがなく、極力自然のままの形でシンプルなもの

### （ 3 ） カジュアル

色：鮮やかな赤、グリーン、ブルー、ピンク、オレンジ、黄緑など自由で明るくのびのびした遊びココロのある配色
キーワード：若々しい、ポップ、にぎやか、元気、爽快
柄・素材：プラスチック、ゴム、綿、紙、木綿など。大柄なチェックやストライプ。キャラクター、動物、コミック調
形の例：遊び心のある形。わかりやすい動物、コミックなどのモチーフ

### （ 4 ） エレガント

色：控えめなグレイッシュカラー
キーワード：上品、ドレッシー、華麗、クチュール
柄・素材：シルク、ベルベット、薄手のガラス、パール。光沢感のあるもの
形の例：抽象的な曲線

イメージを一致させるためには、あなたがどんなミッションを持ち、どういうコンセプトで何を誰に向けて作っているのか？　をはっきりさせることがとても大事です。

たとえば、ミッションが「疲れた人の心を癒すもの」なのに、赤、黄、青などのカジュアルで元気な色合いのポップなものを作っていたとしたら、イメージは一致しません。

「癒し」がテーマであれば、クリーム色やペールトーンのピンクやブルーか、もしくはベージュ、グリーンなどの自然界にある色がイメージとして一致します。

Part 1

lesson 07

らしさの作り方その4

# 作品とロゴ・パッケージを合わせる
## ——販促ツールに「らしさ」を作る

イメージ、スタイルを合わせるのは作品だけではありません。

作品に付随するロゴ、タグ、パッケージなども「らしさ」を作る大切なパーツです。

たとえば、ポップでモダンな雰囲気の作品を作っているのに、パッケージにはレースを使っているとしたら、イメージが一致しているとは言えませんよね。「らしさ」を作るためには、作品に付随するロゴ、タグ、名刺、リーフレット、パッケージなど、それらすべてがイメージとして一貫していることがとても大事なのです。

### フォントや色、形状がイメージを左右する

コンセプト「大人の為の、幻想物語。」Ne-gi　高橋之子さん（P.90）

「物語」がテーマの之子さんの作品ですが、子ども向けの物語ではなく、大人が子どもの頃のような懐かしい気持ちで楽しめるような作品のため、レトロな雰囲気の明朝体を使用。

コンセプト「着る人も着せる人も心躍るお洋服」オムスビファイブ阿部奈々さん（P.34）
ブランド作りのきっかけは子ども。リーフレットもブランドキャラクター「ヒロシ」のマスキングテープも、ストーリーを元に作成。

コンセプト「"生命の神秘ときらめき"をあなたのお部屋に」Aether io オノユーコさん
クラゲの優しい雰囲気と読みやすさを考慮して丸ゴシックを使用。小ぶりにして大人っぽさをプラス。

コンセプト「〇（マル）をあげましょ」yuriCo さん
羊毛フェルトでエゾモモンガの癒しの妖精 momo ちゃんを制作。自分の「マル」をあげることの大切さを、momo ちゃんを通じて伝えていることもあり、ショップカードやロゴは丸いフォルムを意識して制作。

### 作品とパッケージのイメージを合わせる

P.56のケーススタディに登場する宇都宮みわさん
作品：羊毛フェルトで作る小鳥たち
小鳥＝自然のイメージ。
ナチュラルな雰囲気作りのために、同じナチュラルスタイルの木の素材、プリザーブドフラワーの紫陽花などを添えるなどしています。イラストのタグは自分で描きました。
薄いブルーはみわさんの好きなカラーでブランドカラー。

P.60のケーススタディに登場するヤマノウチユイさん
作品：「おとぎの森の刺しゅう雑貨」spica-pika（スピカピカ）
作品に合わせたメルヘンティックなモチーフをパッケージに。作品で使っているウサギのお洋服や、きのこ、イチゴなどのモチーフと箱を合わせることもあります。作品たちの小さな物語が箱の中に一緒に入っています。

Point

### 紙もの作りのポイント

P.188で紹介しているアクセサリー作家・前田ユリさんは、現在は同業者のブランディングのサポートもしています。前田ユリさんに、紙ものの販促物を作るためのポイントについて聞いてみました。

**1 きちんと揃える**

基本的なことですが、一番大事なのが「揃っている」という点です。写真と文章の配置をきっちり揃えるだけで、素人っぽさがなくなります。素人っぽさがなくなると、「信頼できるブランド」という印象になります。

**2 使用するフォントを選ぶ**

フリーで使えるグラフィックアプリには、思わず使ってみたくなるフォントがたくさんあります。だからといって、1枚の紙の中に複数のフォントがあると統一感がなくなり、読みにくくなります。あれこれ使うのではなく、ブランドの印象に合うフォントを厳選して、どの販促物でもそのフォントを使うようにしましょう。

**3 ブランドカラーを使う**

コカ・コーラの赤、スターバックスのグリーンのように、世の中のブランドは「色」で認識されていることが多々あります。どんな色を用いるかによって、お客様が持つブランドの印象は変わります。まず、自分のブランドにどんなイメージを持ってもらいたいのかを考えましょう。それに見合う色を選び、名刺やリーフレット、HPやネットショップなどに取り入れていきましょう。

**4 紙の質感、感触を意識する**

「ざらざら」「ツルツル」「やわらかい」「しっかりしている」など、紙にはいろいろな質感があります。フォントやブランドカラーは、視覚的なイメージのお話でしたが、紙の質感は、触覚から受け取るブランドの印象を左右する大切な要素です。

**5 情報は整理してシンプルに**

今はいろいろなSNSがあります。1枚の名刺、台紙に全部を掲載すると、とても見づらくなります。また台紙の場合、作品のよさを邪魔してしまうことになりかねません。どのSNSを見たらあなたの活動がわかるのかを意識して、アクティブに活用しているSNS情報を記載しましょう。

ファンができるアクセサリーブランド作り
Calpialesson
https://www.instagram.com/calpialesson/

lesson

08

らしさの作り方その5

# あなたの作品を買ってくれるお客様は誰？

コンセプト作りと一緒に考えて欲しいのは、あなたの作品を買ってくれる「お客様」です。

モノを売るということは、つまりは買ってくれるお客様が必要です。そのお客様がどういうお客様なのか？　どんなことが好きで、どんなものに興味を持っていて、どこでお買い物をするのか？　を1つひとつ想像していきます。

ただ、まだ売った経験がないという方もいるとは思いますので、売った経験がない人の場合には「こういう人に買って欲しいな」を想像するところからはじめましょう。

ここで紹介するのは羊毛フェルトで小鳥を作る作家で講師の宇都宮みわさんです。

最初に出会った時の宇都宮みわさんは、羊毛フェルトで犬や猫や小鳥などを作る作家兼講師でした。また、写真を美しくスタイリングして撮影するお勉強もしていたのですが、どういう方向で仕事をしていったらいいのかを悩んでいました。

みわさんはお友達から「猫好きさんはたくさんいるから猫を作ったら売れる！」とアドバイスを受けていました。みわさんも「猫雑貨が売れる」ということを知ってはいましたが、気持ちが乗らなかったそうです。

作る本人があまり乗り気ではないこと、そして作品販売とお教室運営、さらに写真の資格を持っている彼女が、何をしたら「仕事」として継続できるのか？　に悩んでいましたので、「仕事」にするためには現在すでに成果をあげていることを中心にやってみたほうがいいとアドバイスさせていただきました。

みわさんの場合には作品販売、お教室、写真の資格の中で、毎回、お教室が満席になっていました。みわさんご自身が小鳥を好きで飼っていて、お教室で小鳥を作ると生徒さんが喜んでくれたそうです。生徒さんからは「次はこの鳥が作りたい！」というリクエストが毎回のように寄せられるほどでした。

そこで私は、羊毛フェルトの「小鳥」を軸にした活動を提案しました。それこそ羊毛フェルトで小鳥図鑑を作れるくらいに、「小鳥」と言ったら宇都宮みわさんの名前が挙がるようにするため、ブランディングの一環として「羊毛フェルトde小鳥図鑑」という名前のブログを更新していく作業をしてもらいました。

小鳥の作品を作ってブログを更新し続けることに集中したことで、ブログランキングで1位を取ることができるようになりました。すると3ヶ月後に彼女に届いたのは、なんと共著での書籍出版の話でした。

ブランディングされるための条件の1つに「わかりやすい！」ということがあげられます。

この人は何をやっている人なのか？

をわかりやすく伝えるためには、作っているもののモチーフやジャンルが、ブログやSNSなど、誰がどこで見てもいつも一緒であることが大事です。わかりやすいから、覚えてもらいやすいのです。

もちろん、羊毛フェルトで小鳥をつくる作家さんはたくさんいますが、その中でもみわさんの作る作品が好き！　という人を集めるために、作品の特徴や自分の強みを毎回しっかりと伝えていく必要があります。

みわさんの場合には羊毛フェルトの作品だけでなく、写真がとても美しかったことも特徴になったようです。ブログやSNSで紹介していくうちに、「みわさんといえば『羊毛フェルトで小鳥を作っている作家さん』」と知られるようになりました。

自分のジャンルを決める。そしてそれを繰り返し見せていくのはブランディングのテクニックです。

羊毛フェルトで小鳥を作り、発信し続けた宇都宮みわさんは、2015年の春には念願の著書『羊毛フェルトでつくるかわいい鳥たち』を出版することができました。

さて、ここで本題に戻ります。

羊毛フェルトで小鳥を作る作家の宇都宮みわさんのお客様は誰でしょうか？

羊毛フェルトが好きな人？

ハンドメイドが好きな人？

もちろんそういうお客様もいらっしゃるかもしれません。でも、よーく考えてみてください。彼女にとっての一番のお客様は「小鳥が好きな人」なのです。小鳥を飼っているとか、小鳥が好きという方がお客様になります。

ハンドメイドをしている人が「お客様はどういう人なのか？」を考える時に必ずと言っていいほど勘違いしてしまいやすいのが、「お客様はハンドメイドが好きな人」と思い込んでいるところなのです。

もちろん、ハンドメイド好きの方もお客様の1人かもしれません。しかし、本当のお客様は、あなたの作品を、お金を出してでも欲しいという人です。

仮にあなたがハンドメイドでベビー服を作っている作家さんだとしましょう。あなたのお客様、つまりはお財布からお金を出してくれる人はどういう人でしょうか？　ここで「ハンドメイドが好きな人」と答えた人はもう一度考えてみてくださいね。

「ハンドメイドだからベビー服を買おう」という人も確かにいるとは思いますが、実際にはお友達や家族に赤ちゃんが生まれた人や今現在赤ちゃんがいてお洋服を探している人など、「ベビー服を買う理由」を持っている人が本当のお客様になります。

もう一度考えてみましょう。あなたの作品を買ってくれるお客様は誰ですか？

lesson

09

CASE お客様を知る

# お客様がわかると売れる作品のヒントが見える！

ウサギや猫、鳥などがまるで人間のように名前や職業を持って暮らす架空の森を舞台にした、メルヘンの世界の動物を刺繍ブローチにした「おとぎの森の刺しゅう雑貨」spica-pika（スピカピカ）のヤマノウチユイさん。イベントを通じて、長年憧れていた作家さんたちと交流するようになってから、コンセプト、お客様を明確にすることの大切さに気がついたそうです。

そもそもユイさんがハンドメイドでお洋服や雑貨を作りはじめたのは、娘さんの誕生がきっかけでした。作家として活動しはじめた時のコンセプトは、小さな女の子（娘さん）のために作っていたものだったこともあり、「女の子がキラキラときめく刺繍雑貨」でした。

「当時を振り返るとコンセプトはなんとなく『コンセプトっぽい』もので、すごくぼんやりとしていました（笑）。でも人気の作家さんたちを見ると、『誰のための』がより具体的で、お客様が誰なのかがとてもわかりやすいです。私はその『誰』がよく見えていませんでした」

ユイさんはお客様のことを知りたいと思い、作ったものを対面で販売をすることにしました。1年間、いろいろなイベントに出店し続けたことで、想像していたお客様と実際のお客様との差が明確になってきたと言います。ユイさんが想像していたのは雑貨が好きな

30～40代のお客様でしたが、実際には50代の方も60代の方もいらっしゃいました。

またアクセサリーが好きなお客様を想像していましたが、購入してくれるお客様は動物が好きな方や実際に飼っている方が多いということや、メルヘンチックなテイストとそれぞれのキャラクターや物語に共感し、癒しを求めている人だということがわかったそうです。

「たとえば、ウサギを飼っているお客様は垂れ耳のウサギをモチーフにしたものを作るととても喜んでくれますし、それぞれのキャラクターについても『この子は』とまるで自分の家族であるかのようにかわいがってくれています」

コンセプトを考え直すまでは、「刺繍であること」が一番大事だと思っていましたが、お客様がわかると、刺繍だけでなく、スピカピカの動物の森に住んでいるキャラクターと物語が、お客様に好まれる一番重要な要素だと気がつきました。ユイさんは今後、刺繍だけでなく、キャラクターの特性を活かして、刺繍以外の作品作りもしていくそうです。

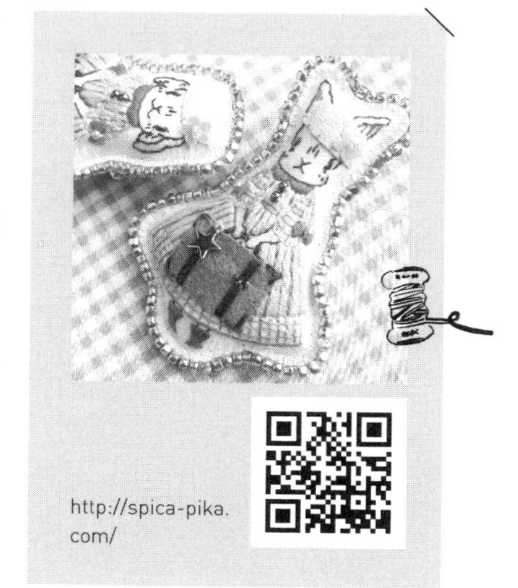


お客様を知るということは、自分の作品のどういうところに共感してくれているのかを知るということです。共感ポイントがわかると、それがつまりはお客様が欲しいものになり、売れるモノづくりにつながってきます。

lesson

10

# たった1人のお客様を想像する！ ――ペルソナを決める

ハンドメイドに限らず、商売をする上ではお財布を開いてくれるお客様を集めることが大事です。どういうお客様だったら自分の作品を購入してくれるだろう？　そのお客様は何が好きなのだろう？　どういうことに興味を持っているんだろう？　どういう生活をしているんだろう？　これらを徹底的に考えます。

お客様を想像することで、こんな風に見せていこう！　こういう言葉で発信していこう！　この時間にお仕事をしているから、こういう時間にSNSを投稿しよう！　とあなたの作品を売るための戦略を考えることができるようになります。

あなたのたった1人のお客様を想像する。そのたった1人のお客様をペルソナと言います。

私もお店をプロデュースする際には、そのお店のお客様の1人を想像してイメージボードを作り、お店のバックヤードに貼っていました。こうすることで、お店のスタッフとお客様のイメージを共有することができました。こういうものが好き。こういうことが好きで、こういうものをこういう時期に購入する！　あくまでも想像ですが、お店を運営していく中で、どんどんそれが実際のお客様とリンクしてきて、そのうちにスタッフは「これはうちのお客様、好きですよね？」「これはうちのお客様が好きなものとは違います」という言葉が商品会議でもどんどん出てくるようになります。

それではハンドメイド作家のあなたがどうやって、そのたった1人のお客様を想像したらいいでしょうか？

すでに販売の経験のある人は、あなたの作品の大ファンという人を想像してみましょう。もしくは数年前の自分でもいいです。

販売したことがない人は、自分の作品をどういう人に買って欲しいのかを想像していきます。

## ペルソナはなるべく細かく設定する

たとえば、「年齢35歳。2歳の男の子のママ。近所でパートをしている」という設定をしたら、この女性はどういうパートのお仕事をしているのか？　週に何回パートをしているのか？　どうやって職場まで行っているのか？　収入はいくらくらいか？　役職はあるのか？　など、どんどん掘り下げて考えていきます。

仮に、あなたがバッグを作っている作家さんで、通勤にも休日にも使えるバッグを作ろう！　と思っていたとします。

ペルソナの仕事が病院の受付だとしたら、制服があるかもしれません。すると、通勤時の服装は比較的自由に好きなものを着ることができるかもしれないと想像できます。また、個人情報を扱う仕事なので、パソコンやA4サイズの資料などを日常持ち歩くことがないということも想像できます。だとしたら、A4の資料を入れる必要はなく、必要最低限の持ち物が入るだけのサイズのバッグが好まれるのでは？　と想像できます。また通勤に自転車を使っていたとしたら、両手が空く斜めがけのショルダーバッグのほうがいいだろうな、ということも想像できますよね。

たった1人の自分のお客様を想像することによって、どういうところを強化して作品作りをしたらいいのか、どういう発信をしたら興味を持ってもらえるのかがわかるようになります。

lesson 11

CASE ペルソナ作り

# ペルソナを作って ブレないブランドを 築いた実例

子どもが生まれてからたくさんのママ友ができ、彼女たちとの会話から、働くママのための小ぶりながら華やかで品のあるアクセサリーブランドdimply（ディンプリー）を立ち上げた松原智絵さん。新作を考える際には、好みの素材や流行りに左右されがちで、店頭に並んだ時に「大きすぎたかも」とか「かわいすぎちゃった」と後悔することがありました。作品作りにつきまとっていた不安と疑問を解消するため、ブランドのお客さま像をはっきりさせようと、ペルソナ作りに取り組みました。

智絵さんの根底には「たくさんの人にいろいろなシーンで使って欲しい」という思いがあり、なかなか1人の女性を想像することができませんでした。そこで、ブランドをよくご利用いただいているお得意様から想像を膨らませ、ペルソナに落とし込んでいきました。
「ペルソナができる前の私は、『この作品はこういう女性に似合いそう。でもこの作品はまた別の女性に似合いそう。これは仕事用で、これは遊びに行く時用！』と、今思えばペルソナが何人も存在し、だから新作を作る際にいつも迷っていたのだと思います」。

ペルソナができてからは、ブランドのコンセプトの「パッと着けてパッと輝く。働くママに捧げるプチジュエリー」の通り、「職場でも目立ちすぎず、でもさりげなく華やかなところが気に入ってます」と、喜んでいただける機会が増えたという智絵さん。

アクセサリーを通じてママを輝かせて自信を与えられる、そんなブランドとして成長していきたいそうです。

【ペルソナ】
はるかさん　34歳。夫、3歳息子（年少）、1歳娘（保育園）の4人家族。川崎市在住。

●仕事について
中小企業の一般事務員。来客対応や電話対応、事務作業が多い。私服での勤務だが、来客対応も多いので、派手でないオフィスカジュアルが必須。電話応対も多いので、耳元に大きなアクセサリーや、長くて揺れるチャームは着けられない（金属アレルギーを持ったピアスユーザー）。

●お金のこと
手取り20万円／月。年収340万円（うち6万円は自由、10万円は貯金、4万円は保育園費用）。いいものを大切にする。安いものも好きだけれど、安さよりも使い心地やデザイン重視。たくさん持つのではなく、いいもの・気に入ったものをメンテナンスしながら大切に長く使っている。また、ものを買うよりも子どもとの時間や思い出、経験にお金を使う。

●現在の悩み
・常に時間に追われている
・お店でじっくり見て買い物を楽しむことができない

●夢
年に１回の家族旅行

●買い物の仕方
Web shop より実物を見て選びたい。しかし現在なかなか時間も取れずお店に見に行くことが難しいため、信頼できる Web shop から信頼できる商品のみを購入している。

●性格
性格は控えめで気配りができる女性。親しい友人の誕生日や記念日を大切にしていて、プレゼントの際には自分が普段利用し本当にいいと思っている物をプレゼントしている。オシャレは好きだけれど、気づけばいつも似たようなものばかり買ってしまっているシンプル派。

アクセサリーブランドdimply
https://dimply.thebase.in/

## 1mmの「らしさ」が感動を作る

単に作品をかわいくしようと思えば、リボンをつけたり、レースを使ったり、チャームをつけるなどして、いくらでもかわいくすることは可能です。またインパクトのあるモノは、ハンドメイドに限らず一瞬の驚きを与えることができるかもしれません。

しかし本当に長く愛されるブランドを作ろうと思ったら、誰を喜ばせるためのブランドなのか？　をしっかりと考えた上で、たった１個のチャームにも意味を持たせること、ラッピングにもタグにも、ネーミングにもすべてに作品とリンクした意味を持たせることで、感動の種をまくことができるのです。

人気作家さんの作品は、この１mmの感動をたくさん持っています。平均点プラス１〜２mmが結果として総合点の大きな「差」になるのです。お客様は小さな、たとえ１mm程度のものにでも（いや、１mm程度だからこそ）「ここまでやるの!?」と魅了されるものです。

小さなブランドだからこそ、素敵な特徴が作れると言ってもいいでしょう。

さて、ここまでコンセプトとお客様のお話をしました。

マーケティング用語ではお客様のことを「ターゲット」と言いますが、私は、たった1人を想像できるくらいまで考えたほうがいいという思いもあって、あえて「ペルソナ」「お客様」という言葉を使っています。

コンセプトと「ペルソナ」（＝たった1人のお客様）を想像することで、あなたのブランドがどんどんわかりやすくなってきます。

ペルソナを作るワーク

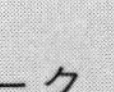

お名前（仮の名前をつけてみましょう）

住んでいるところ（想像できる場所を設定しましょう）

年齢

職業と年収（どのようなお仕事なのか、具体的に書き出します）

家族構成

自分のお小遣い

1日の過ごし方（平日／休日）

趣味

お金に関する考え方

現在悩んでいること

夢

今欲しいもの

好きなブランド、映画、雑誌など

何かを購入する際にどうやって購入するのか？
（購入する際に参考にするものや購入を決めるポイント）

lesson 12

らしさの作り方　その6

# 「○○といえばあなた！」になる！ポジショニングを考えよう

「あの人も作っているから私も作ってみよう！」とか、「今これが人気だから私も作っておこう」とか、今人気のものに惹かれるのは当然のこと。でもそこにあなたの「らしさ」はありますか？　人気商品、トレンドは見本にはなるかもしれませんが、結局のところ同じ小さな場所でしか通用しないマネごと。今だけ、少し売上が作れたからといって、継続できるわけではありませんよね。ブランディングで大事なのは「らしさ」です。「らしさ」は他の同ジャンルの作家さん、作品との「違い」になり、お客様があなたを選ぶ理由になります。

この「らしさ」を明確にして、なおかつ「○○といえば○○さん！」と言われるようになるために活用したいのが「ポジショニングマップ」です。ポジショニングマップは、あなたの活動ジャンルの中で他の作品との「差」を知るための分布図のようなもの。自分の位置づけを確認するとともに、空いているポジションを見つけるためのものとなります。

本書で紹介している作家さんの多くは、他の人と違うポジションで活動をしています。あみぐるみ作家Ne-giの高橋之子さん（P.90）もポジショニングマップを使って、「ストーリー性のあるあみぐるみ」という、他のあみぐるみ作家にはないポジションを見つけ出しました。「○○といえば○○さん！」と覚えてもらうためには、自分のジャンルの中に「差」を見つけ、それを自分のポジションにすることです。

### ポジショニングマップを作るワーク

1　同ジャンル、同カテゴリーの作家さん、もしくは自分がめざす憧れブランドを書き出します。

---

2　ポジショニングマップの縦軸と横軸を書き出します。以下のＡ、Ｂ、Ｃを意識してみましょう。

Ａ　お客様が感じているあなたの作品のメリット（ベネフィットといいます）の基準

例

デザインの個性 ⟷ 生地の個性
量産可能 ⟷ １点のみ
多機能 ⟷ 単機能
ギフト用 ⟷ パーソナル用
素朴 ⟷ 洗練
高価格 ⟷ 低価格
キャラクター ⟷ リアル
特別な日用 ⟷ デイリー用
人気が高い ⟷ 人気が低い
認知度が高い ⟷ 認知度が低い
歴史がある ⟷ 歴史が短い
Web 戦略が強い ⟷ Web 戦略が弱い
パッケージ力ある ⟷ パッケージ力なし

もう少し具体的に言うと、あみぐるみ、ぬいぐるみ、羊毛ドール系の作品なら、

癒される ⟷ 癒されない
ストーリー性がある ⟷ ストーリー性がない

ということもお客様にとっての価値になります。
競合と比べて「これは私の方が得意」「これは残念ながら苦手」ということも縦軸、横軸に加えることができます。

B　ターゲット
例
20代 ⟷ 40代
オシャレ感度が高い ⟷ オシャレ感度が低い
ママ ⟷ ファミリー
有職 ⟷ 無職
ＯＬ ⟷ 起業家

C　イメージ
例
エレガント ⟷ キュート
おもしろい ⟷ 真面目
シンプル ⟷ ゴージャス
伝統的 ⟷ トレンド
和 ⟷ 洋
ダイナミック ⟷ 清楚
優しい ⟷ 力強い

かわいい ⟷ こわい

3 「2」の中からいろんな組み合わせ（自分のブランドに関係がある軸）で縦軸、横軸を作り、自分のブランドと他のブランドがどの部分に入るのか、名前を入れていきましょう。

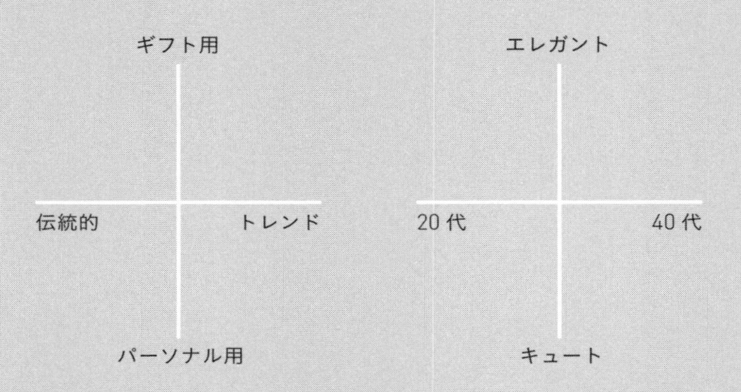


縦軸、横軸を変えながらマップを作ってみることで、自分のブランドだけでなく他の同ジャンル、同カテゴリーの競合の立ち位置が明確になるというメリットがあります。
ポジショニングマップの縦軸と横軸に決まりはありません。

# 高くても売れる！商品構成の作り方・値段のつけ方

## Part2 Point

ハンドメイド作家として活動していく中で、必ずと言っていいほどぶちあたる壁、それは間違いなく「値段」という壁でしょう。

あなたの作品がお客様にだんだんと知られるようになり、ハンドメイドマーケットなどに出品するとすぐに売れるようになった頃、最初は作品が売れるだけで嬉しかったはずが、そのうちに、作っても作っても自分に入ってくる利益が少ないことに「このまま続けていけるだろうか？」と悩みはじめる――これはよく耳にする話です。

かといって、いきなり値段を上げてしまうと、今度はお客様が買ってくれないかもしれません。売れなくなるかも……という不安から、悶々とした気持ちで制作し、それでもどうにか値段を上げることができないかと「値段の上げ方」をついネットで検索してしまった、なんていうことはありませんか？

この章では、値段に悩むあなたが値段を上げる前に知っておきたいマーケティングの基礎知識と、商品構成を工夫することで売上と単価を上げる方法についてお話をしていきます。

lesson 01

# 仕事として続けていくために必要な考え

ハンドメイドが大好きなあなたにとって、ハンドメイド作品だけで生計を立てられるようになりたい！　仕事にしたい！　という夢を思い描くことは自然のこと。仕事となったら、継続していくことが大事です。1ヶ月だけでなく、その翌月も、そのまた翌月も、あなたの生活を成り立たせるだけの売上目標を達成していかなければなりません。

ところで、あなたの生活を成り立たせるためには、毎月いくらの金額が必要でしょうか？

現在すでに作品を販売している方であれば、1ヶ月の売上額を、お客様が1回のお買い物で購入してくださる金額（客単価という）で割ってみると、何人のお客様に販売したら自分の生活が成り立つのかが見えてきます。より正確にお伝えすると、売上よりも原価を差し引いた粗利益の計算が必要です。

例

| | | |
|---|---:|---:|
| 1ヶ月の売上 | 100,000円 | 100,000円 |
| 客単価 | 2,000円 | 5,000円 |
| 1ヶ月に必要な客数 | 50人 | 20人 |

例を見てわかる通り、販売しなくてはならないお客様の数が多いということは、作らなくてはならない作品の数もそれだけ必要ということになります。

多くのハンドメイド作家さんは、作る、宣伝する、ネットに掲載する、発送するといった一連の作業を1人でこなしています。作る以外の作業もたくさんあるので、量を作るとなると、気力と体力が消耗されかねません。

もちろん、お客様が喜んでくれるなら！　という思いで単価の低い作品を作り続けている作家さんもいるとは思います。単価が低いものでも数が作れて、しかもそれが苦ではなく、本人にとっても喜びであれば、それはそれでいいことでしょう。

しかし、数をたくさん作ることを負担に感じているとしたら、1～2ヶ月ならがんばれても、それを仕事としてずっと続けていくことを考えると、結果としてどこかでモチベーションが維持できなくなる可能性があります。

仕事として続けていくためには、安く・数をたくさん作るという考えではなく、単価が少し高い作品も作り、利益をしっかり上げていくことも必要であると覚えておきましょう。

| | |
|---|---|
| 売上 | 客数×客単価×リピート回数 |
| 原価 | 材料費 |
| 経費 | 人件費、ラッピング資材代、配送料、<br>ハンドメイドマーケットサイトの利用手数料など |
| 粗利益 | 売上ー原価ー経費 |

lesson

# 02 値段は原価の3倍!? 値段のつけ方の基礎

多くの作家さんが頭を悩ませている値決め。

値段によって売れるか、売れないかが左右される、とても大事な問題です。

でも、安くしたからといって確実に売れるか？　と言われたら、そうとも限りません。

また、値段の安さだけで選ばれるようでは、長続きしません。

マツドアケミ流にモノの値段をつけるとしたら、大切なのはPart1でも学んだ「ペルソナ」です。

あなたのたった1人のお客様（ペルソナ）を想像し、その人がどこでお買い物をするのか？　いくらくらいの「モノ」の価値を感じて購買するのか？　を考えます。

学生街のレンタルボックスを利用するお客様と、日頃から百貨店でお買い物をするお客様では、「高い・安い」の感覚が明らかに違います。20代の学生さんと仕事でキャリアを積んだ40代の女性でも、自分が自由に使えるお小遣いに違いがあります。

ですから、自分が売りたい価格を設定するためには「どういうお客様に販売するのか？」を考えることがとても大事です。

私は新しいビジネスを思いついた時に、「誰だったらより高い金額で買ってくれるかな？」とお客様のことを考えます。お金を出してくれる人がいて、はじめてビジネスになるので、まずはペルソナを振り返り、そのペルソナに合う価格でビジネスに作りこんでいきます。



あなたの場合はどうでしょうか？

作品そのものも大事ですが、ペルソナを設定すると、ペルソナにあった材料を使い、見せ方、伝え方ができるようになります。

Point

**ハンドメイド品の値段のつけ方に関する考え方**

**ブランド力のあるハンドメイド品の値段＝作品＋価値**

作品
材料費　作品を作るのにかかった費用
経費　タグ、台紙、リボン、ラッピングなどの費用

価値
デザインセンス、オリジナリティ、遊び心、トレンド、手間など

私が作品の中に制作に関わる時間（作業代、人件費）を入れていないのは、ハンドメイド品は制作時間の長さが必ずしも高い価値になるわけではないと考えているからです。

たとえば、市販されている素材を組み合わせて作ったハンドメイド品で、1個を作るのに10分しかかからないような場合でも、作家による魅力的なデザインや遊び心があり、なおかつパッケージやタグにも“らしさ”が表わされていて、それが個性的でステキだと思われれば、高くても納得がいきます。反対に、どんなに制作時間がかかったとしても、市販されているもの以上の魅力が感じられなかったら、高値をつけることは難しいと思います。

一方で、目安として作業にかかった時間を時間給として作業代金に計上して原価にプラスする例もあります。以前お話を伺ったアクセサリーメーカーさんでは、作業工程ごとの作業代を原価にプラスして計算しているということでした。

このようにハンドメイドブランドにおいては、「値段の正しいつけ方」がないのが現実ですが、ブランド力のあるハンドメイド品の場合には、作品と価値を値段に反映することができるのです。

※最近ではP.184の*PUKU*の森祐子さんのように作業の一部を外注（内職さんに作業を分担）しているケースもあります。その場合、作業代を原価に必ず計上する必要があります。

Handmade

lesson 03

CASE 値段の上げ方

# 価値を高めて値段で勝つ！



Aさんは地元のハンドメイドイベントでがま口を販売している作家さんでした。

近年、がま口人気が高まったことで、以前はイベントに出店してもがま口を販売しているのはAさんだけだったのが、ある時から両隣にがま口のお店が出店するように。どちらのお店もAさんよりほんの少し値段が安かったそうです。

そこで自分も値段を下げたほうがいいかと思い、内側の生地を安い薄手の素材に変更し、ポケットは手間がかかるからとつけるのをやめて、値段を少し下げるようにしました。

ところが両隣が売れている中で、Aさんの売上は落ちるばかり。

どうしたらいいのか？　と悩むAさんにアドバイスしたのは次のことでした。

Aさんのがま口は、北欧風のモダンな生地が使われていました。お客様ががま口の口を開けた時に中身の生地にも感動してもらえるように、色鮮やかで厚みのある生地に変更したり、ロゴマークで使われている動物をキャラクター化して小さなブローチをつけたりして全体の価値を上げるようにアドバイスしました。

それまで材料を安くして値段を下げることしか考えていなかったAさんは、最初はびっくりしていたものの、実際に販売してみると、どのお客様も中身の生地の鮮やかさや、キャラクターのかわいいブローチに感動しているのがわかったそうです。

がま口に価値を加えたことで、値段を上げても購入してもらえるようになり、個性がはっきりしたことでファンができてリピーターが増えました。

材料費も手間もかかってはいますが、ハンドメイド作家のような小さなビジネスでは、大手メーカーのように材料の大量仕入れによって原価を下げ、値段を下げるのはむしろ難しいことです。

値段を下げることに時間と労力を使うよりも、どうやったら価値が上がるかを考えながら制作するほうが、きっとあなたにとっても楽しいことだと思います。

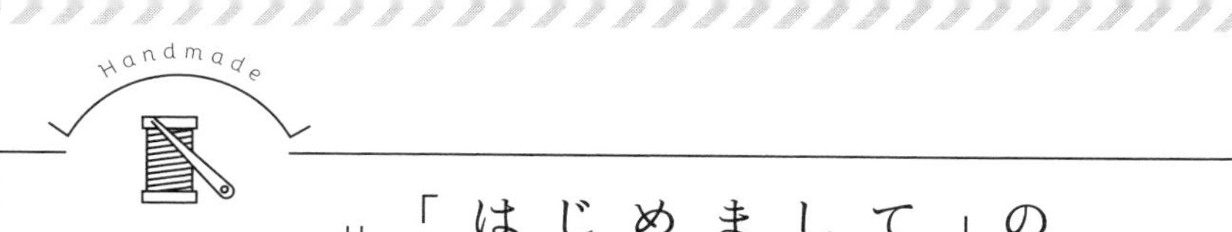




lesson 04

# 「はじめまして」のお客様向けのものと、本当に売りたいものの両方を作ろう！

健康食品や化粧品などの通信販売で、「無料のサンプルを差し上げます」というコマーシャルを見たことがありませんか？

興味がある人は試してみたいと思うでしょうから、サンプルを請求しますよね。

一方、企業にしてみれば、サンプルの原価と運賃を負担してお客様にお届けするので、非常にお金がかかる作業になります。そうまでして、なぜ無料サンプルを提供しているのでしょうか？

無料サンプルを取り寄せるのは、基本的にその健康食品や化粧品が気になっている方です。つまり企業にとっては、将来自分たちのお客様になるかもしれない人たちと「はじめまして」の最初の握手をしていることになります。

サンプルを試して気に入ってくださった方には、本来販売している健康食品や化粧品を買っていただくことにつながります。

企業としては、本当は最初から健康食品や化粧品を購入して欲しいのですが、すすめられてすぐに購入する人より、躊躇する人のほうが多いことでしょう。

そこで企業は、まずはお試しくださいね、よかったら買ってくださいね、という流れを作っているのです。

マーケティング用語ではお試しとなる無料サンプルを「フロント

エンド」、収益性のある商品を「バックエンド」といいます。

フロントエンドは「はじめまして」のお客様に知ってもらうための商品。利益を上げることができる、本当に売りたい商品がバックエンドです。大事なのはバックエンドがあってのフロントエンド、ということです。

ハンドメイド作家さんの商品構成でも同じことが言えます。

たとえばあなたがイベントで見かけた作家さんの作品が、全部1万円だったとします。「とても素敵！　欲しいな～」と思ったのですが、いきなり1万円のものをポンと購入するには、ちょっと勇気がいります。となると、あなたはとことん迷って、結果として買うのをやめてしまう可能性が高いですよね。

そんな時、品揃えの中に2,000～3,000円くらいの買いやすい価格のものがあったら、「本当は1万円のものが欲しいけれど、今日はまず2,000円のものを購入していこう！」という気持ちになるかもしれません。

また2,000円の作品を一度買っていただいたという経験は、お客様との最初の接点になります。その接点は、「この作家さんの作品は他にどんなものがあるのかブログを見てみよう！」とか「次はどこのイベントに出店するのかな」という興味につながるかもしれない、最初の第一歩です。

「はじめまして」のお客様に知ってもらう、覚えてもらう機会を作るためにも、買いやすい価格帯の作品も品揃えしていきましょう。ただし、買いやすい価格帯ばかりになってしまったり、そればかりが売れるようでは、商品構成に問題があると言えます。

フロントエンドはあくまでも、バックエンドありきのもの。フロントエンドがメイン商品にならないように注意して、品揃えを考えていきましょう。

# lesson 05 売れやすい商品構成を作る

Part1で、コンセプトとお客様が大事であり、お客様がわかるとどういう商品構成を作ったらいいのかが見えてくるというお話をしました。

自分のブランドはこういうブランドで、こういうお客様に購入いただきたいので、こういう品揃えをします、というのがビジネスプランです。

あくまでもあなたのお客様が必要としている品揃えを考えるのが基本なのですが、売りやすくするために、商品構成と値段の組み合わせを考えていきます。

たとえば、アクセサリー作家のあなたが、一番売りたいネックレスを4,000円前後の値段で考えていたとします。その時に、4,000円前後の価格のものばかりを作ってお客様に提案するのではなくて、売りたいネックレスをより売りやすくするために、その「下」と「上」の価格帯の作品を用意するのです。

それが3,000円くらいのネックレスであり、6,000円くらいのネックレスです。

## ちょうどいい価格！と思われるゴルディロックス効果

イギリスの民話に「ゴルディロックスと3匹のくま」というお話

があるのをご存じでしょうか？

ある日、ゴルディロックスという名前の女の子が森に出かけると、大きなくまと中くらいのくまと小さなくまの3匹が暮らす家を見つけます。くまたちは外出中。くまたちが用意していたスープを飲んでみたら1皿目は熱すぎて、2皿目はぬるすぎ。3皿目はちょうどいい温度でペロリといただいてしまいます。お腹が膨れて眠くなったゴルディロックスは、ベッドに横たわってみます。1つ目のベッドは固すぎて、2つ目のベッドは柔らかすぎ。3つ目がちょうどよかった！　という、ゴルディロックスちゃんがちょうどいいものを選ぶというお話です。

この話のように、3つの中から「ちょうどいい」をお客様に選択してもらうために活用する購買心理を「ゴルディロックス効果」といいます。

たとえば、素敵な和食レストランに、松・竹・梅と3つの価格帯のランチコースがあったとします。あなたはどれを選ぶでしょうか？　ゴルディロックス効果で話をすると、「2：5：3」の割合で、真ん中の「竹」が一番選ばれやすいと言われています。

つまりあなたが売りたいものが4,000円前後のネックレスだとしたら、4,000円前後のものばかりを品揃えするのではなく、3,000円前後と、さらには6,000円前後のネックレスも並べることが大事なのです。

lesson 06

# 利益は均等でなくてもいい

先のネックレスの話で考えると、3,000円前後のネックレスはフロントエンドの役割を果たすことも想像されますが、仮にこれが売れたとしても、利益は低いですよね。ところが4,000円前後や6,000円前後の作品を品揃えすることによって、3,000円だけのものを売るよりも利益は高くなります。

私もセレクトショップをプロデュースしていた頃、海外から雑貨を仕入れてきた経験がありますが、買い付けてきた雑貨の中で、これをメインに売りたいというものについては、利益を高く設定していました。同時に、品揃えとして必要だけど利益は低いものも店頭に並べていました。

小さなお店とハンドメイド作家さんの品揃えの考え方は、一緒だと思います。単品で利益率を管理することも大事ですが、単品それぞれで同じ利益を作ろうとすると、値段が高くなりすぎたり、低くなりすぎたりして、結果として売れないものや、単価が低く利益も少ないのに売れて作り続けなければならなくなるアイテムが増えてきてしまいます。

利益は均等ではなく、売れ筋の価格帯の利益をしっかりと取ることが大事です。売れ筋の価格帯を作るためにも、ゴルディロックス効果を参考に商品構成を考えてみましょう。

Point

**利益の幅はこう考えよう**

| | 値段 | | 利益 | | 原価 |
|---|---|---|---|---|---|
| 商品A ポーチ | ¥1,600 | ⟷ | **¥900** | ⟷ | ¥700 |
| 商品B バッグ | ¥5,000 | ⟷ | **¥3,500** | ⟷ | ¥1,500 |
| 商品C ちょっと豪華なバッグ | ¥8,000 | ⟷ | **¥5,000** | ⟷ | ¥3,000 |

# lesson 07 すでに販売しているものの値段の上げ方

ハンドメイドの特徴として、「量をたくさん作れない」ということが挙げられます。そのようなケースは「らしさ」の価値を上げて値段を上げることが大事だとおわかりいただけたかと思いますが、販売中のものが安すぎて困っている方のために、現在販売しているものの値段をどうやって変えていったらいいのかについてお話ししていきます。

テレビのニュースを見ていても、材料の高騰や為替の変動で価格を上げる話はよくあります。ハンドメイド作家さんの中にも、材料の値段が上がったということで価格を上げているケースも見かけたことはあります。

ところが材料の値段が上がったことや、為替の変動など、明らかに正当な理由がない場合にはどうしたらいいでしょうか？

娘さんのためのヘアゴムがほしいと思ったことがきっかけで、羊毛フェルトでヘアアクセサリーを作りはじめた井澤博子さん。お母さんから「売ってみたら」とすすめられたこともあり、TABAというブランドを立ち上げ、ハンドメイドマーケットサイトで販売をスタートすることにしました。

作り方は独学だし、本当に売れるのかな？　と不安も感じながらのスタートでしたが、女の子の顔のヘアゴムを作り出した頃から売れはじめ、作風が固まってきた頃、それまでの金額から800円にまで値上げしました。

それでも、がんばって制作時間を確保しても作れるのは月に25個程度、売上にして2万円です。完売が続き、お客様からはオーダーのリクエストが増えていく中で、作り続けていくことの難しさを実感しはじめていた頃、利用していたハンドメイドマーケットサイトのプロデューサーからトークイベントのゲストとして登壇してみないかとお誘いがありました。

そのイベントで、ハンドメイド作家の先輩たちの「時間、デザイン、1点ずつ手で作っているという付加価値を値段に反映させている」という話を聞いて、ハンドメイド作家を続けていくためにも値段を上げようと意識が変わったそうです。

マーケットサイトのプロデューサーから後押ししてもらったこともあり、トークイベントのあったその日に行動に移しました。

まずハンドメイドマーケットに掲載されていた作品を一度ソールドアウトの状態にし、プロフィール欄に「お客様により喜んでもらえるように作品を向上する」というお約束をした上で値段を上げることを宣言。約束通り、顔だけでなく、髪型を変えたり、色を変えるなどの工夫を凝らし、1週間後には新商品を2,850円にして再販したところ、結果は完売でした。

「私自身、主婦なので、値段にはすごく敏感です。ランチ代よりも値段が高いブローチを購入するかどうか？　今まで購入してくれたお客様が果たして買ってくれるか？　と思うと、すごく心配でした。でも今は、その大事なお金で私の作品を購入してくれるのだったら、私ももっと努力しようと思えるようになりました」

もともとファッションが好きだったこともあり、ヘアカタログやファッション雑誌からヒントを得て、現在は羊毛に加えてスパンコールなどの細かな装飾を施し、5,000円前後の価格帯で販売をしています。

lesson

# 08 「ちょうどいい！」の効果を利用して徐々に値段を上げていく

ここで半年かけて、値段を5倍にした実例をご紹介します。

あみぐるみを制作するNe-giの高橋之子さんは数年前に、地元の友達とハンドメイドのイベントに出展をしていました。当時のあみぐるみの値段は1,000円以下。1時間半以上かけて作っていたそうです。

イベントに来るお客様のほとんどが、小さなお子さんをお持ちのママさんたち。子どもさんがいくらあみぐるみを気に入って、小さな手から離さずにいてくれたとしても、子どもさんがお財布を開いてくれるわけではありません。そばにいるママたちにしても、「子どものおもちゃとして」1,000円のあみぐるみを購入するのはハードルが高かったようです。

そんなある日、大量生産することができない自分の作品は、お手頃価格で販売するには不向きだと気がつき、より丁寧に、よりお客様が喜んでくれるような作品作りをしようと決意しました。

しかし自分がいくらより丁寧に、お客様が喜んでくれるような作品を作り、それに見合った値段をつけようと思っても、お客様が変わらなかったら、買ってもらうことはできません。

そこで之子さんはお客様を変えることを決めました。

自分のあみぐるみを購入してほしいお客様はどういうお客様なのか？　を考えた結果、「大人の女性がコレクションしたくなるような物語性を持たせたあみぐるみ」を制作・販売するようになったのです。

地元のハンドメイドイベントの出展をお休みし、ブログ名も「大人の為の、幻想物語。」にリニューアル。フェイスブックやツイッターなどに作品を投稿してブログに自分の作品が好きそうな人を呼び込み、ハンドメイドのマーケットサイトで販売。

1,000円でも売れなかったあみぐるみは、お客様を変えたことで、2015年の2月には2,500円で売れるようになりました。

それでもひと月に作れる量は同じです。売上を上げていくためには単価を上げる必要があります。そこでゴルディロックス効果を意識して、価格帯を少しずつ上昇させていくようにアドバイスしました。

たとえば、値段を3,000円に上げようとするのであれば、2,500円のものを1体。「ちょうどいい！」の価格帯として2,800円と3,000円のものをそれぞれ2体ずつ。さらにその上の価格帯も必要なので、3,200円のものを2体。

大事なのは売りたい価格帯のもののボリュームを増やすことと、その上の価格帯のものもお客様に選択してもらえるような価格幅を設定するということです。

「ちょうどいい」ラインの価格帯を2,800円と3,000円にしたのは、2,800円と3,000円では受ける印象が違うため、お客様の反応を見るためにあえて挑戦的に2つの価格帯を用意しました。

その月にこれらが完売したら、翌月は2,500円のものを販売するのをやめます。

2,800円 を2体、3,000円 を2体、3,200円 を2体、3,500円 を2体。

完売したら、翌月には2,800円のものの販売をやめて、少しずつ値段を上げていくという方法です。

この方法で、少しずつ値段を上げていったところ、之子さんの作品は現在、3,800円から、高いもので1万2,000円で販売できるようになりました。

もちろん、作品のデザイン、クオリティだけでなく、お客様にお届けする際のボックスも変えました。「幻想物語」を意識したノスタルジックな深い青いラベルを本の表紙のようにしてボックスに貼り、「らしさ」に一貫性を持たせています。

また之子さんがコンセプトを変えた時から意識してきた「物語」もあみぐるみと一緒にボックスに入れ、価値のひとつに加えました。この「物語」がお客様から好評を得て、現在、小説投稿サイト「星

空文庫」にてあみぐるみ達を主人公にしたショートストーリーも公開しています（http://slib.net/a/20349/）。

お客様に決意表明をして値段を上げる方法と、「ちょうどいい」の効果を利用しながら値段を上げていく方法。ではどちらがあなたに合っているのでしょうか？

現在、販売活動をしていて、ある程度、あなたの活動がお客様に伝わっている。なおかつ、「あなたといえばコレ！」というような代名詞的な作品があり、それを値上げしたい場合には前者、お客様にしっかりとお伝えした上での値上げをおすすめします。

また、作っているもののアイテムが複数ある場合で、全体的な値段アップを考えている場合には、後者のほうが自然に値段をアップできると思います。

lesson 09

# さらに売上アップするために取り組むこと

自分が目標とする売上を達成できているハンドメイド作家さんが、さらに高い目標をクリアするためには何をしたらいいのかについて、お話をしていきます。

そもそも、売上は何でできているでしょうか？

売上は､客数と客単価とリピーターさんの掛け算でできています。

**売上 ＝ 客数 × 客単価 × リピート数**

売上を2倍にしたいと考える時、客数・客単価・リピート数の全部を2倍にする必要はありません。

たとえば、1ヶ月に1回、ネットショップをオープンしている作家さんに対して、10人のお客様が作品を購入し、1回のお買い物で3,000円、平均で1回のお買い物をしているとしたら、売上は

売上：10人×3,000円×1回＝3万円

この作家さんが売上を上げるために販売回数を増やし、さらに単価の高い商品もショップにあげ、お客様の数が増えたなら……

売上：12人×3,500円×2回＝8万4,000円

それぞれを少しずつアップさせることによって、2倍以上の売上を作ることができます。

売上を上げるためには、この3つについて対策を練って実行することが必要です。

まず、次ページ以降で、マーケットサイトでの販売、キャンペーンの実施、委託販売、海外販売によって「客数を伸ばす方法」をお伝えしていきます。

lesson 10

客数アップのためにすること①

# マーケットサイトの販売を増やす

20年近く前、自宅ショップが流行ったことがありました。

布小物作家歴20年の八坂廣子さんは、洋服のお仕立てをしている仲間がオープンした自宅ショップに布小物を委託販売したことが、ハンドメイド作家のデビュー。1ヶ月の売上は多い時で12万円ほどあり、自分の作品は売れる！　という自信がありました。

ただ、委託販売やイベント出店など、短期的に売るスタイルは自分には合わないと感じていたことから、2016年よりオンライン販売をスタートさせました。

SNSに苦手意識があった廣子さんが選んだのは、ハンドメイドのマーケットサイトです。「自分でネットショップを立ち上げるとSNSで集客をしなければならないけれど、ハンドメイドが好きなお客様が集まっている場所で販売するなら、集客はサイトにお任せできると思っていました」と廣子さん。

在庫として持っていた20点を出品。ところが作品はまったく売れませんでした。ようやく最初の1個が売れたのは、出品してから3ヶ月後のこと。委託販売では売れていたのに……と、ハンドメイド作家としてはじめての挫折を味わいました。

悩む中で出会ったのが、本書の旧版『高くても売れる！ ハンドメイド作家 ブランド作りの教科書』だったそうです。書かれている通りにストーリーを作り、価格設定を変え、と実践していく中で、いかに自分に足りないものが多かったかを痛感したと言います。

そんな努力の末の、初セールス。購入してくださったお客様がレビューを書いてくださいました。「かわいくて、気に入りました」といったシンプルなレビューでしたが、後押しされたようでとても嬉しかったそうです。この最初のレビューがついたことで、少しずつ作品が売れるように。レビューの有無で売上が変動すると知った時期でした。

そこから3ヶ月後、はじめて作品がマーケットサイトでピックアップされました。大勢の作家さんがいる中で、まさか自分が？と驚いた廣子さんですが、ピックアップされることでマーケットサイトのトップや特集ページに掲載され、メルマガなどでも配信されます。ショップを見にきてくれる人やショップのフォロワーさんが一気に増え、ピックアップされた作品以外のものまでどんどん売れていきました。

SNSが苦手だとしても、マーケットサイト側のサポートを受けることによって売上につながることを確信し、それからはピックアップされることを意識して作品を用意するようになりました。

大きくバズった作品が、2019年7月に発売した「スイカのトランク」です。

「この時は問い合わせが殺到し、メールの通知がずっと鳴りっぱなしで怖くなり、自分で終売にしてしまいました」という廣子さん。その後、再販をしましたが、ピックアップされた時ほどの反応はありませんでした。お客様が欲しいタイミングで作品をお届けできるようになることが大事だと知ったそうです。また、受注が殺到した時に困った原因は、単価の低さにあることにも気がつきました。そこからはしっかり利益が取れてモチベーションが下がらない値段に変え、受注に備えて準備をしているそうです。

Point

## ハンドメイドのマーケットサイトで売上を伸ばす3つのポイント

**1 販促企画をチェックしよう**

ハンドメイドのマーケットサイトによっては、年間の販促スケジュールを作家さんに公開しています。何月にどんな企画があるのかをチェックして、その時々の企画に合わせたモチーフ、色、柄や素材を作品に反映させましょう。季節感のある作品は、ピックアップに取り上げられやすくなるようです。

**2 すぐに発送できる準備を！**

事前に在庫を用意することが難しい場合でも、材料を揃えておいたり、制作前にできることを準備しておきましょう。お客様の「欲しい」のタイミングを逃さないことが重要です。

**3 見つけてくれたことに感謝しよう**

たくさんいる同ジャンルの作家さんの中からあなたを選んでくれたお客様に、そのまま感謝の気持ちを伝えましょう。廣子さんの場合、感謝の手書きのメッセージと、屋号のShimarisumamaにちなんでどんぐりの鈴をプレゼントしているそうです。

Part 2

# Shimarisumama
# 八坂廣子さんのマーケットサイト

https://minne.com/@shimarisumam

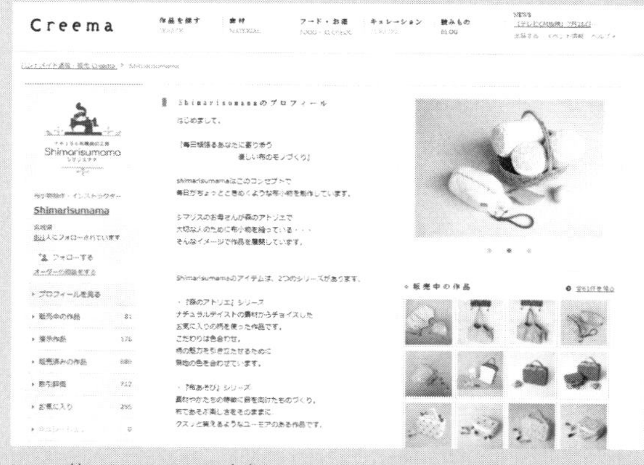

https://www.creema.jp/c/shimarisumama

lesson 11

客数アップのためにすること②

# キャンペーンに取り組む

客数アップのための2つ目のアドバイスはキャンペーンです。

スーパーマーケットや百貨店などの小売店で客数アップのためにしていることと言ったら、値引きやバーゲンセールが一般的ですが、ハンドメイド作家さんには、値引きやバーゲンセールによる集客はおすすめできません。

それでも、大型イベントに限定して、来場してくれた方だけに少しだけ値引きをするとか、3日間限定、1週間限定など時期を決めてキャンペーン価格で販売することに挑戦している方もいらっしゃいます。SNSで作品を見て「いいな」とか「いつかは」と思っていた方が、期間を限定することや、買いやすい価格帯を提示することで、「だったら！」と購入してくださるパターンも多いようです。最初のお買い物を経験していただくことで、2回目のお買い物をしてもらいやすくなります。

値引きはちょっと……と抵抗がある方におすすめなのは、おまけやゲームなどでプレゼントが当たるキャンペーン企画です。

P.28でご紹介したwanブランド・アドゥマンの旗手愛さんは、イベントに来場してお買い物をしてくださったお客様にくじを引いてもらい、次回のお買い物の際にご利用いただける割引券やお菓子などが当たるキャンペーンを実施し、お客様に喜んでもらっているそうです。

お客様も仕掛けた側も一緒に楽しめるのも、キャンペーンの魅力かと思います。

なお、キャンペーンを実施する場合には長期的に実施するのではなく、場所、期間、個数、金額などを限定しましょう。「ココだけ」「今だけ」「何個だけ」という特別感が、客数を上げるポイントにつながります。

lesson

12

客数アップのためにすること③

# 委託販売に取り組む

お客様の数を増やすためのアドバイスが2つあります。

1つ目は販路を増やすということです。

ソーシャルハンドメイドマーケットだけで販売していたとしたら、委託販売や対面販売ができるイベントに挑戦したり、1つのハンドメイドマーケットだけでなく、2～3のハンドメイドマーケットを活用してみましょう。

もちろん、それによって手間も在庫数も必要になってきます。

また委託販売の場合には、委託手数料が20～55％くらい差し引かれるので、差し引かれてもあなたが利益をしっかりと確保できる値段をつけることがとても大事です。

あらかじめ委託販売分の手数料も上乗せできるような価値のある作品作りをして、どこで販売しても利益が確保できるようにしておくようにしていきましょう。

販路を増やすことは、今メインで使っている販路が使えなくなった時のリスク対策にもなります。1箇所でのみ販売をしているようでしたら、販路を複数持つ準備をしていきましょう。

※委託販売とは？
ハンドメイド品を作っている人が雑貨店、セレクトショップなどの小売業者に販売業務を委託する方法。売上げた代金は小売業者が手数料を差し引いて作家に支払われる。

Point

## 委託販売をする前に知っておきたい値段のつけ方（掛け率60%／委託手数料40%の場合）

材料費：500円、確保したい利益：700円なら

500円＋700円＝1,200円

1,200円÷0.6 ＝ 2,000円　⬅販売価格

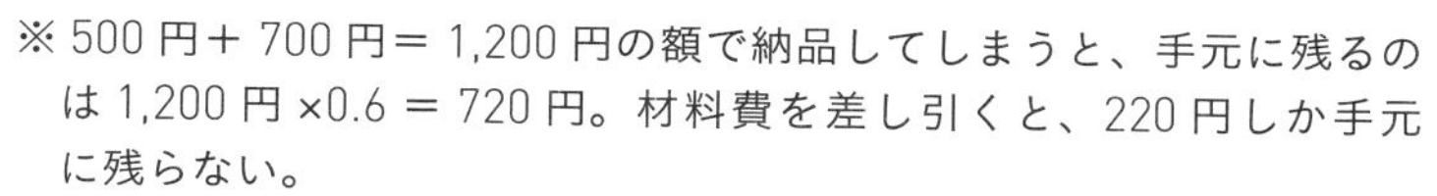

※500円＋700円＝1,200円の額で納品してしまうと、手元に残るのは1,200円×0.6＝720円。材料費を差し引くと、220円しか手元に残らない。

※委託店で販売してもらう場合も、自分でイベントやネットショップで販売する場合も、同じ値段にしましょう。

Point

## 委託販売のGOOD・CHECK point

GOOD

・自分に代わって販売してもらうことができる

・日頃活動していない場所のお客様にも実際に手にとって見てもらえることができる

・お店のSNS、ブログなど、自分以外のメディアで紹介してもらえる

CHECK

・委託販売手数料がかかる（店によって異なる）

・送料、振込手数料などの経費を負担する場合がある

・お店のお客様層とのマッチングで売上が変わる

## 自分に合うお店の見つけ方

委託販売手数料の多さに尻込みしてしまう作家さんも多いのですが、メリットもたくさんあります。

今まで活動していなかった場所で販売することで、新しいお客様との出会いがあったり、お店とのやりとりを通じて新しい魅力的な作品作りができることなどがその一例でしょう。

私がプロデュースしていたお店には、たくさんの女優さんやスタイリストさん、テレビや雑誌の制作関係者がいらしていました。そんなお客様が作家さんの作品を知り、私物として紹介してくださったり、番組の中で取り上げてくださったりして注目され、それをきっかけに一気に売れっ子作家さんになった方も多数存在します。

以前お会いした人気の作家さんはパソコンを使った作業が苦手で、ネット販売、SNSなどをまったくやっていなかったのですが、委託先のお店のスタッフさんが自分に代わってSNSやブログで宣伝してくれるので、大好きな作品作りに集中できてよかったということを話してくれました。

自分が得意なことに集中できることは、作家活動の大きなメリットとなるでしょう。

今ではハンドメイド作品を販売する店舗が多数存在していますが、納品しても店頭に作品が出されないとか、ある日突然、閉店してしまったといったトラブルも耳にします。

そこで、お店といい関係を築いてお互いに売上を上げていくために、委託するお店を見つける際の３つのチェックポイントをまとめてみました。

Point

**自分に合った委託するお店を見つける際のチェックポイント**

**1　コンセプトが合っている**

お店のお客様とも相性がいいので売上が作りやすい。

**2　他の作家さんのテイストや価格帯が近い**

他の作家さんの作品の値段が安すぎると、あなたの作品が売れなくなってしまう可能性も。コンセプトが合っていても価格帯に大きな違いがある場合には要注意。

**3　積極的にWebツールを活用している**

最近ではお店もブログやSNSを活用している。どのような発信をしているのか、作家さんの作品はどのように紹介しているのかをチェックしよう。

## 委託販売店のオーナーさんに聞いてみました！

2005年から東京・二子玉川でクチリーナ！というハンドメイド品の販売店を経営するオーナー・中村彩子さんに、委託販売を長く続けられるハンドメイド作家になるための秘訣について聞いてみました。

1　マイナーチェンジに前向きに！

店頭でお客様の要望をダイレクトに聞いている彩子さん。お客様の要望は、細かなことでもなるべく作家さんに伝えているそうです。「ほんのちょっとのことでお客様の『欲しい』につながるのであれば、それは作家さんだけでなくお店にとってもいいこと」。

そうした声に耳を傾けてくれる作家さん、そして変更に前向きに取り組むことができる作家さんなら、結果としてWin-Winの関係を築きやすく、長続きしやすくなるでしょう。

### 2　こまめなコミュニケーション

クチリーナ！　では、長い人だと10年以上のおつき合いになる作家さんもいるそうです。以前は遠方の作家さんの作品も多く取り扱っていましたが、現在は郵送ではなく手持ちで納品できる距離にいる作家さんがメイン。

直接顔を合わせてお話しすることで、お客様の声を届けやすくなったり、企画の相談ができたり、新作のアイデアを共有できたり、コミュニケーションが取りやすいのが長くおつき合いできる理由の1つ。

委託販売のメリットは、なんと言っても、自分で営業できない場所でもお客様に知ってもらえる点です。遠方のお店で取り扱ってもらう場合は、作品ができたストーリーや思いを綴った手紙を納品時に添えると、お店の人が作品の魅力をお客様に伝えやすくなります。

「お店として一番知りたいのは、追加納品してもらえるか？　という点」と彩子さん。１点ものが多いハンドメイド品ですが、要望のあるお客様にその場で「追加納品がある」とご案内ができると、やりとりの負担がなくなります。

### 3　委託販売についての理解

作家さんが個人で活動する場合、制作、SNSでの日々の発信、梱包、発送など、お客様の手に渡るまでにさまざまな作業が必要になります。委託販売店は作家さんに代わって作品をお客様に紹介したり、SNSを通じて発信したり、梱包したり、時には発送もしています。本来はお断りしたい要望でも、作家さんに代わってお店が対応していますし、クレームがあれば謝罪もします。販売するだけではなく、これら多くの作業が「委託手数料」というマージンに含まれます。

作品を作ることだけに集中したい作家さん、自分で広報活動が苦手という作家さんの頼もしいパートナーであるということを正しく理解することで、長く続くおつき合いができるようになります。

クチリーナ!

https://www.instagram.com/ayaco_cucirina/

取引となった場合には以下の条件も必ずチェック！

□販売形態（委託か買取か）
□委託販売の手数料
□支払い条件（銀行振込の場合、手数料はどちら持ちなのか？
　支払いは毎月されるのか？）
□支払いのサイクル（締め日、支払い日）
□不良品対応（お客様とのやりとりは誰がするのか？返品
　交換の際の送料は誰が負担するのか？）
□破損、盗難などへの対応（保証があるのか？）
□送料（通常の納品と返品の送料負担は誰がするのか？）
□取り扱い期間（決まっているのかどうか？）

最近では契約書、覚書を用意している店舗も多いようです。もしも何も準備がなかった場合には、必ずメールなど記録に残るものにまとめて確認をとりましょう。またそのやり取りの段階で明確な返事がこないなど、あやふやな対応をするお店は要注意です。

Part 2

lesson 13

CASE　客数アップ

# 販路を増やして成功した実例（海外販売）

世界的にオンライン購入の需要が伸びる中、日本でもハンドメイド品の海外販売をサポートするプラットフォームが増えています。

ハンドメイドマーケットサイトのminneは、2019年から海外販売のサポートをスタート。minneのサイトを訪問した海外のお客様のお買い物をサポートする、外部の代行会社と連携しています。注文が入ったら、作家さんは代行会社に発送するだけ。つまり作家さん側は、国内のお客様に発送するのと同じ手間で、海外のお客様にも作品を届けられるようになっているのです。

インスタグラムでも、直接販売できる機能が追加される日も間近。となると、日本だけでなく、海外のお客様にもあなたの作品を届けられる機会が増えることが予測されます。

ここでは、海外販売をメインに活動しているPalette Japan（パレットジャパン）太田智子さんの実例をご紹介します。

ハンドメイドにはまったく興味を持っていなかったという太田智子さんが出会ったのは、絹を平織りにして作った織物「ちりめん」という素材でした。あまりの美しさに、「ちりめんで何かを作ってみたい！」と思い、たどり着いたのが江戸時代から伝わる手工芸・つまみ細工でした。繊維商社で貿易のお仕事をしながらつまみ細工を習いはじめ、手を動かしているうちに、大量生産されたものにはない魅力に強く惹きつけられていきます。
「自分が作り出すもので、人を感動させられるようになりたい！」。そんな思いが芽生えてからは、副業ではなく本業として成立させられるようになりたいと、つまみ細工を通じて智子さんの未来像はどんどん変わっていきました。

当時、国内にはつまみ細工の素晴らしい作品を販売している人がたくさんいたことから、「だったら、海外で売ってみよう！」と、日本での販売が未経験な中、海外販売について調べはじめました。

そこで出会ったのが、ハンドメイド品を販売するアメリカのマーケットサイトEtsy（エッツィ）です。

まずはサイトに出品されている作品を購入してみるところからスタート。「教えてくれる人も、目標とする日本人のセラー（販売者）もおらず、すべてが手探り状態。最初の5～6年は購入側の立場で利用を続けました」。

Etsyで買い物をする中で、注文の流れ、支払い方法、どのようにして作品が届くのかなどの一連の流れがわかってきました。さらに、魅力的なセラーの商品点数や商品構成を学ぶために、いろいろなセラーをチェックしていきました。

2017年からは、いよいよ智子さんのつまみ細工作品の販売をスタート。見込み客は「日本的なものが好きな人」と想定し、日本らしいお花を意識した作品を作りました。また、西洋の人の使い勝手を考えて、ブローチやバッグにもつけられるようにと2wayの作品を多く展開。色数や用途なども揃え、掲載点数が増えてきた3ヶ月目にようやく最初の1個が売れました。

購入してくれたのは着物を着るアメリカ人女性で、送られてきた写真とメッセージから「需要はある！」と智子さんの励みになったそうです。

海外でも「着物を着る人」がいることや、「着物」というキーワードで検索する人が多いということに気づいてからは、つまみ細工だけでなく、帯なども商品構成に加えました。そうして検索での露出を増やす努力を続け、何度もショップを見てくれる人や「お気に入り」に登録してくれる人が増えていくうちに、当初は100ビューくらいだった閲覧数が、翌2018年に1,000台に、2019年には1万台へと増加。それと同時に売上が安定的に30万円を超えるようになりました。

2019年にはEtsyだけでなく、海外の人にも利用しやすいECサイトが制作できるshopify（ショピファイ）でネットショップをオープン。現在はEtsyと自社ショップの両方でつまみ細工や関連する素材や道具などの商品も販売しています。

Etsy（エッツィ）
アメリカ発祥のハンドメイドやヴィンテージなど1点ものが見つかるマーケットプレイス。
https://www.etsy.com/jp/

shopify（ショピファイ）
海外販売サイトが簡単にできると注目されているネットショップ構築サービス。自動で現地言語での表示がされたり、現地通貨での販売が可能。
https://www.shopify.jp/

※2021年4月以降、Etsyで新規ショップを開店するには「Etsyペイメント」への登録が求められるようになりましたが、日本ではまだ「Etsyペイメント」の利用ができません（2021年7月時点）。ショップの新規開店を準備する際は、Etsyホームページで最新情報をご確認ください。

lesson 14

# 海外のマーケットサイトで成功するための3つのポイント

1　販売後のリサーチ

日本で売れる作品でも海外ではいまいちだったり、逆に日本であまり売れていなくても海外でヒットするケースがあります。海外では何が売れるのかが予想しづらいため、お客様が何を望んでいるのかを常にリサーチし続けることが大事です。

太田智子さんの場合、作品を購入してくださったお客様にお礼のメールを送り、購入に至った理由などを聞いているそうです。海外の購入者が抱く日本のハンドメイド品へのニーズを探り、ショップに反映させていきました。売れたならなぜ売れたのか、その後のリサーチも大切です。

2　きめ細やかなコミュニケーション

ご購入いただいた後にお礼のメールを送るといった、日本人ならではのきめ細やかな心遣いに感動する外国のお客様は多いそうです。

太田智子さんの場合、作品のラッピングにステッカーを貼り、「世界中が大変な時期だからみんなで乗り越えましょう」というメッセージを書き添えています。それに感動、共感してメッセージやレビューを書いてくれるお客様が多いそうです。

3　イベントに敏感に！

販売後のリサーチがきっかけで、意外にもギフトの需要が多いと知った智子さんは、ギフトが売れるタイミングや時期を意識することで、３ヶ月連続70万円以上の売上を達成しました。例えば、母の日やクリスマスなどのギフト需要が増える時期には、作品名に「ギフト」というキーワードを入れて投稿。海外にどんなイベントがあるのかを調べたり、イベントに合った商品構成を考えることに成功のヒントがありそうです。

## 海外販売のお悩み解決Q＆A

**Q**　海外向けに販売するとなると英語は必須ですか？

A　はい、基本は英語でのやりとりになります。多くの方は英語ができないという理由で挑戦を諦めていますが、今はインターネットの翻訳機能が進化しているので、実はGoogle翻訳など無料の翻訳機能を使って海外販売をしている人がたくさんいるのです。日本語から英語にする場合、文章をなるべく短くする、主語と述語がわかる文章にする、丁寧な言葉よりもストレートに意味が伝わる言葉で変換することを意識すると、翻訳ツールを上手に使いこなすことができます。

**Q**　海外で販売できない作品はありますか？

A　はい、あります。各国に共通した郵送禁止物品や、国や物品ごとに禁制品が定められています。万が一これらを発送した場合には、返送されてくるか、税関で没収されることや、関税法で罰せられることもあり得ます。制作に使用している素材にも関係しますので、各自必ず確認をしておきましょう。各国共通の郵送禁止物品については、郵便局のサイトにも掲載されています。
https://www.post.japanpost.jp/cgi-kokusai/p05-00.htm

**Q** もしクレームがあった場合、どのように対応しますか？

A　相手の「知りたい」にスピーディにわかりやすく答えることで、解決できます。日本だと、発送が遅れたり、作品が壊れていたりした場合、すぐに評価が下がりますが、海外では「起こった出来事にどう対処したか」のほうが重要で、対処の仕方次第で評価が上がります。どこの国においても起こりうることかもしれませんが、誠意をもってスピーディに対応すれば怖いことはありません。

**Q** どのように発送したらいいですか？

A　日本と同じように郵便局や宅配サービスを利用して発送ができます。その際に必要なのが、海外発送用の「インボイス」などの書類作成です。基本的にさほど難しいものではありませんが、準備に不安があるなら、海外発送代行サービスを活用するといいでしょう。手数料はかかりますが、書類作成から発送までを請け負ってくれる業者さんが増えています。比較的手頃な価格で利用できるため、活用しているハンドメイド作家さんが増えているようです。

### 海外発送代行サービス

海外発送代行サービスとは、個人が海外で発送する際の梱包インボイス作成、配送業者への連絡などを代行してくれるサービスのこと。「海外発送代行サービス」と検索するとさまざまな発送代行業者の情報を見つけることができます。業者によって価格、サービス内容が異なるため、まずはチェックしてみましょう。

スピアネット
https://www.spearnet-us.com/

バゲッジフォワード
https://frontier-e.com/index.htm

lesson
15

# 客単価を上げるためにすること

客単価をアップするために必要なことは、3つあります。

1つ目はゴルディロックス効果(P.83)の話でもお伝えしたように、平均単価よりも高い作品を品揃えするということです。「作ったことがない」とか「売ったことがない」という方もいらっしゃいますが、まずチャレンジしてみましょう。

誰かに「あなたにはできない！」と言われたわけでもないのに、自分が今以上の価格帯の作品を作れない、用意できないと思い込んでいるケースは本当によくあります。

実際にチャレンジしてみると、即売れた！　という報告をいただくこともよくあります。

まず、今以上の価値をつけた今よりも高い作品を用意するということに挑戦してみてください。

2つ目は関連した作品をラインナップしてそれをお客様にわかるように伝えるということです。

たとえば、イヤリングとお揃いのブレスレットやネックレスを品揃えするといったことです。単品で販売するだけでなく、あらかじめセットアップで販売すると、客単価アップにつながります。

大事なのは、「関連しているものがあります」ということを、お客様にわかるように見せる、イベントであれば、接客時にちゃんと伝えるということです。
ただし、あれもこれもセットアップになるということで見せてしまうと、お客様は迷ってしまって結局買わない、ということもありえます。ここでもゴルディロックスちゃんの話を思い出し、お客様にお見せする場合には3つまで、を意識してくださいね。

そして3つ目は単価アップできる時期を逃さないということです。
雑貨業界には必ず売上アップができる月があります。それが12月です。12月はボーナス時期であることや、クリスマスがあり、「ギフト」という切り口や、「自分へのご褒美」という切り口で、いつもより値段の高い作品が売れやすく、数も出やすくなるのが特徴です。
いつもの月の倍以上販売できる時期なので、何を売るのか？　いくらで売るのか？　何個売るのか？　を10月には計画しておくことで、絶対に売り逃がしたくない12月に、年間で最高の売上結果を残すことができます。

作っているもののジャンルによって、12月以外にも売りやすい時期があります。
たとえば入園、入学グッズを作っている方であれば、必要なものを一式セットにして値段をつけて１～２ヶ月前から提案をしておくと選んでもらいやすくなります。
フラワーアレンジメント、リースなどのお花関係の雑貨を作っている方であれば、母の日、クリスマス、お正月など、お祝いごとのある月は客単価をアップしやすい時期です。

大事なのは、自分の作っているものを、お客様がいつ必要としているのか？　を考えた上で、１～２ヶ月前からSNSなどで積極的に提案をしていくということです。

lesson 16

# お客様の「ここがこうだったらなぁ」に応えて客単価アップ！

2.5億本売れたコカ・コーラをご存じですか？　250種類以上の名字・名前がラベルにデザインされたコカ・コーラで、テレビコマーシャルで見たことがある人もいるかもしれません。このように1人ひとりのお客様の属性や行動に基づいて体験を提供することを「パーソナライズ」と言います。

パーソナライズの機能はさまざまなシーンで採用されていて、わかりやすいところではツイッターの「おすすめのユーザー」や、ネット通販での「あなたへのおすすめ」もパーソナライズの1つです。これらは蓄積された情報の中からあなたに合った情報が出てきます。

ハンドメイド作家さんになじみの深い「カスタマイズ」が、パーソナライズと似た概念と言えるかもしれません。カスタマイズは自分の欲しいものを自分で選択してできます。パーソナライズとカスタマイズは意味合いとしては異なりますが、「同じもの」ではなく、一人ひとりにとって必要なものや欲しいものが得やすい時代になってきたということがわかります。

ハンドメイド品の中には「世界でたった1つ」という作品もあり、それも魅力でした。「たった1つ」であることにも価値はありますが、今では「自分好みの1つのもの」がより求められるようになりました。
「ここがもう少し小さかったら」とか「ここにポケットがあったら」とか、色や形、サイズ、仕様などがほんの少し変わることで「私の欲しいもの」になります。

ただ、細かな変更が複数あると、注文を受ける際に間違いが生じたり、やりとりの回数が増え、結果面倒だからとキャンセルになることも。

お客様の「欲しい」の気持ちが冷めないように、スピーディな対応は必須です。P.180のようなオーダーシートを用意したり、カスタムオーダーに対応したマーケットサイトを活用するといいでしょう。

フルオーダーに応えることが難しい場合でも、セミオーダーにお応えできれば、特別感が出て、価値が高まり、単価を上げやすくなると思います。

オーダーメイド特化型オンラインマーケット
TANOMAKE（タノメイク）
https://tanomake.com/

# ファン作り、リピーターさん作りのお話

## Part3 Point

売上を作る要素は「客数と客単価とリピーター」というお話をしました。

この章では、売上を作る要素の3つ目であるリピーターさんを作ること、ファンを作ることについてお話ししていきます。

人気作家さんの売上を支えているのは、新規のお客様よりも作品を何度も購入してくれるリピーターさんの存在です。

何度も購入してくれるので、その作家さんのファンとも言えますよね。人気作家さんはどうやってファンづくりをしているのか？　をご紹介します。

lesson

01

# 届いた瞬間に、またあなたから買い物がしたくなる！

私自身、最近は週に一、二度、ネットでお買い物をしています。生活必需品や食料品などもありますが、お気に入りのショップで気になった雑貨を購入するなんてこともよくあります。

ネット通販でお買い物をすると、届くまでがとても楽しみですよね。そしてようやく手元に届いて開梱する時のワクワク感。開けてみて、思った以上に素敵だったら、その時のテンションはピークに！

そんな時に、箱の中にショップのカタログや新作情報が入っていたら、あなただったらどうしますか？

そう！　真っ先に開いて、次はどれを購入しようかな？　と思うことでしょう。

実は、一度目のお買い物から、次のお買い物の心の準備がはじまります。一度購入すると、二度目、三度目に同じショップからお買い物をする心のハードルは下がります。つまりはお買い物がしやすい状態になるわけです。

お客様へのお礼のお手紙を手書きで入れるところまではできているかもしれませんが、次のお買い物の提案はしていますか？

リピーター作りが上手な通販会社は必ずこれをやっています。新作カタログ、制作の様子を伝える○○通信、新作情報など、お客様とあなたの気持ちがさらに一歩近づくための素敵なツールです。

あなたがなぜハンドメイド作家になったのかがわかるリーフレットや、日頃の制作情報、出店するイベントのことなど、あなたのことを知ってもらうための同梱販促ツールを用意しましょう。

ただし、ハンドメイドマーケットサイトでは、作品にカタログやあなたの活動の情報を同梱するのを禁止しているところもあります。必ず利用規約をチェックして、あなたができる「次につながる提案」をしていきましょう。

届いた感動が次のお買い物につながる同梱販促物例

・カタログ
定番品やシーズンごとの新作のカタログ。
次のお買い物へつなげるためのツールなので、作品写真、サイズ、価格、どこで購入ができるのかなどの記載が必要です。
・リーフレット
あなたのブランドのことを知ってもらうために、必要な情報を掲載しておきましょう。
ブランド立ち上げのきっかけや思いなどのミッション、どんな特徴があるのか、どこで商品が買えるのか？　など、お客様の次の行動を促すためのツールです。
・ニュースレター
今、作っている作品の話や、あなたの好きなものなど、作家活動の日常をお手紙のようにA4サイズくらいにまとめたもの。あなたの制作背景を伝えるものでファン作りにつながります。
・DM（ダイレクトメール）
イベントや個展が近い場合には、その情報を同梱しましょう。
・プレゼント
作品をポストカードにして同梱している作家さんもいます。キレイなポストカードなら、お部屋に飾ってもらって、見るたびにあなたのことを思い出してもらうことが期待できます。

同梱販促物にも「らしさ」が必要です！

lesson

# 02 お客様の声を集めましょう

ネットではじめてのお店でお買い物をする時にはレビュー、お客様の声が気になりますよね。私も最近は必ずと言っていいほど、レビューを見るようにしています。私だけでなくお客様側の人たちはいつでも「このお買い物で損をしたくない！」という気持ちが働いているからなのです。

だからこそ「このお店は安心してお買い物ができる」と信じてもらうために、「こんなにたくさんのお客様に喜んでいただいています」と理解していただけるような情報をお店側が発信することがとても大事なのです。

では、お客様の声はどうやって集めたらいいのでしょうか。

対面販売ならお客様に聞いてみることができますが、ネット販売の場合、お客様に書いていただくという手間が発生します。

どうしたらお客様が気持ちよく作品の感想を書いてくれるのかを考えてみましょう。

あなたがお客様の立場なら、ネットでお買い物をして、一番テンションが上がるのはいつですか？　そう、荷物が届いて、開梱して、作品を手にとった瞬間でしょう。その時に、「嬉しい！」「かわいい！」「こんな素敵なメッセージがついている‼」と感動がマックスになります。このタイミングでお客様のひと言を集めます。

荷物が届く頃に「お手元に届きましたか？」というメールを送って、感想をお伺いしてもいいでしょう。

荷物の中にあなたの思いを書いたリーフレットを入れておいて、あなたのことを知っていただいた上で、「お客様の声が励みになります」とひと言添えてみましょう。あなたを応援したいと思うお客様であれば、喜んでそのひと言を書いてくれるはずです。

お客様からいただいた大切なひと言は、次に出会うお客様とあなたをつなぐ宝のひと言です。

どうしたらお客様は気持ちよく感想を聞かせてくれるかな？　と考えて、お客様の声を集めていきましょう。

Point

**お客様の声の集め方・掲載の仕方のNGパターン**

**×　声を引き出すために何度も連絡する**

何度も連絡してはお客様の迷惑になります。しつこくなりすぎないように配慮しましょう。

**×　許可をとらずにブログやHPに掲載する**

ブログやHPなどに掲載する場合には、必ずお客様の許可をとりましょう。中には「イニシャルであればOK」という方もいます。「このような感じで掲載します」と文面を添えて連絡すると、なおいいでしょう。

Handmade

lesson 03

# 進化するハンドメイドマーケットを活用してファン作り



ハンドメイドマーケットの出現で、今までは「趣味」として楽しまれていたハンドメイドが、価値のある「作品」として売り買いされるもの、と認知が変わりました。どこで、どうやって販売したらいいのかわからなかった人たちも、マーケットサイトがきっかけで気軽にカンタンに「売る」機会を得られるようになりました。

P.6でご紹介した渡辺志保さんのように、「作っているから販売する」のではなく、「おうちでできる仕事」を探す中でminneの存在を知り、minneありきでハンドメイド作家になった方もいます。

ハンドメイド活動に便利なアプリやサービスが増え、「おうちでお仕事」や「オンラインでお仕事」という働き方も広がる中、フォロワーさんが少なくても、はじめたばかりの人でも、マーケットサイトを活用すれば手厚いサポートが得られて、ハンドメイド活動の追い風になるかもしれません。

そこで、国内最大のハンドメイドマーケット「minne（ミンネ）byGMOペパボ」のPR担当の加藤千夏さんにお話を伺いました。

minneは2022年で10周年を迎え、現在の作家・ブランド数は78万人（2021年7月末時点）。2017年に本書の旧版を発売した当時の33万人に比べ、4年で倍以上の方がハンドメイド販売をはじめたことになります。

以前は販売作品の半分以上を占めていたアクセサリーが現在は全体の1/4ほどになり、家具・生活雑貨や食べ物など販売されている作品が多様化しているそう。ここ1～2年は、コロナによりマスクを作るためにミシンを購入する人が増え、マスク作りをきっかけにminneで販売をはじめる人が増えたり、人気の韓国ドラマの影響でビーズリングなどのビーズ作品を制作する若年層の作家・ブランドさんも。

その影響で、今までは「作家さんが好き」「ブランドが好き」「ハンドメイドが好き」という理由でminneを訪問、利用する人がほとんどだったのが、「必要性があった」「欲しいものを探していた」という理由でminneにたどり着く人も増えたようで、マーケットサイトとしてminneの認知が広がっていることがわかります。

「おうち時間」の増加により、家具をDIYする男性作家・ブランドさんの参入も増え、ジャンルも多様化。「2020年はハンドメイドをはじめるさまざまな要素があったこともあり、より多くの人にminneを知ってもらえる機会が得られました」と加藤さんは語ります。

そんなminneがハンドメイド作家・ブランドさんに支持される理由は、はじめたばかりの人でも楽しめる企画やサービスがどんどんアップデートされるという点です。

Point

## ファン作りができるマーケットサイトの活用方法

### 1　ハッシュタグで拡散！

SNSで新作を発表する際に、「# minnenew」をつけて投稿するとminneがリツイートしてくれるという、minneに参加している作家・ブランドさん向けの企画。1人でがんばらなくてもminneが一緒に拡散してくれる嬉しいサポート。
その他にも、minneでは定期的にどなたでも参加できる販促企画を実施しているので、活用してみてください。

### 2　海外販売で新しいお客様と出会えるチャンス

minneのサイトを訪問した海外のお客様に対する支援サービスを、2019年3月より導入。作家·ブランドさんは注文が入ったら日本国内の配送センターに発送するだけで、海外のお客様に作品を届けることができます。

### 3　ワークショップで新しいファンを獲得

リアルイベントにはワークショップブースを設け、物販をしない講師の方ともおつき合いがあったminneですが、コロナによりイベントはどこもキャンセルに。そこで2020年12月から、ワークショップつきのキット販売も可能に。ワークショップの開催方法は各出店者に任せているということで、zoomやLINEを活用して直接お客様と交流できることが最大のメリット。

個人でハンドメイド活動をしていると、「こんなことができたらなぁ」と感じる場面がたくさんあります。特に販路を広げたり、新しいお客様と出会うには、時間も手間もかかります。1人のがんばりでどうにかしようと考えるのではなく、自分ができないことを補ってくれるサービスを利用することで、届けたいお客様にいち早く届けられるようになると思います。
あなたのファンが、そこにいるかもしれません。

ハンドメイドマーケットサイト「minne」

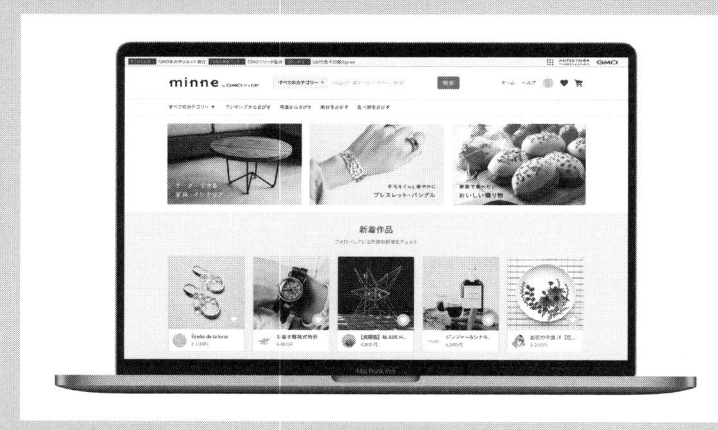


https://minne.com/

Handmade

lesson

# 04 SNSでファン作り！



最近のハンドメイド作家さんは、ほとんどの方がツイッター、インスタグラム、フェイスブックなどのSNSを集客や広報用に使っています。無料ではじめられるうえに操作がカンタンということもあって、誰もが何かしらのSNSツールに登録し、作品の写真を投稿していることと思います。

ところが、そうした作家さんの中から、SNSやブログを定期的に更新しているにもかかわらず、思うような反応が得られない、集客ができない、SNS投稿に時間がかかっているという声を聞きます。

やればやっただけ売上が上がる！　と思われがちですが、各SNSの特徴、使い方を正しく理解していなければ、ただの「時間食い虫」になってしまうことがあります。

たくさんあるSNSツールですが、その時々でのトレンドや、同じツールにおいても新機能のアップデートがあります。上手に活用しながらファン作り、リピーター作りをしていきましょう。

## SNSのトレンドは変化している

昨今はインスタグラムでカフェを探したり、お料理やダイエットの方法を探したりするなど、「検索」のツールとしてインスタグラムを活用している人が増えているそうです。つまり、インスタグラムが生活に欠かせないツールになっているということ。

ハンドメイド作家さんに利用しているSNSについて聞くと、フェイスブックやツイッター、ブログはやっていないけれど、インスタグラムは登録しているという声をよく耳にします。

インスタグラムが登場したのは2010年。当時はおしゃれな写真加工ができるアプリとして注目されていて、集客ツールとしてはブログが大流行。私自身も、ブログの活用方法を学ぶ塾に参加してブログの書き方を覚えた1人です。

ところが最近では、ブログにインスタグラムのリンクを貼り、インスタグラムの情報だけを掲載している人が少なくありません。

ブログはYahoo!やGoogleなどの検索エンジンからお客様が流入してくる可能性があり、また一定のファンもいる重要なツールです。ただ、時代の流れとして、今一番お客様とつながりやすいのはインスタグラムと言えるかもしれません。

かつてmixiが流行ったように、時代の流れと共に、人気のSNSは変化します。ということは、「集まってくる人が多い場所」が変わっているということ。SNSメディアはたくさんありますが、あれもこれもとやりはじめる必要はなく、まずは1つ、SNSの役割や使い方、特に販売につなげる方法を覚えることが重要かと思います。

Point

## すべてのSNSに共通する活用のコツ

Part 3

### 1　プロフィールをしっかりと書く！

作家をはじめた理由、制作する思い、こだわっているポイントやどんな材料や道具を使って作っているのかなど、見えていないけれどとても大切な、あなたを知ってもらうための情報をプロフィール欄に盛り込みましょう。

### 2　フォロワーさんを増やす！

極端にフォロワーさんが少ないと成果につながりにくいので、どのSNSにおいても1,000人くらいまではフォロワーさんを増やす努力をしましょう。近年はSNS側が「つながり」を重視していることもあり、フォロワー増やしを目的としたフォローはフォローバックされにくく、「いいね」やコメントを入れて交流することのほうが大事と言われています。

### 3　コミュニケーションをとる！

SNSはコミュニケーションツールです。いつも応援してくれている人には「ありがとう！」を。素敵な作品を作っている人には「いいね！」や「かわいいですね」の感想コメントを。コミュニケーションを楽しんでこそ、次につながるツールになります。

### 4　美しい写真は必須！

自然光で撮影されていることや背景がごちゃごちゃしていないなど、写真も作家のセンスの見せどころです。作品と写真のイメージが一致しているかも要チェック！

**5　1発信を大事にする！**

あなたが何を発信しているのか？　どこで何をしているのか？　それがクリック１つでわかる時代です。たったひと言の愚痴や悪口が、あなたのイメージを決めることも。気持ちよくあなたの発信を受け取ってもらえるよう、意識することが大切です。

Point

## SNS・インスタグラムでフォロワーさんを増やす写真のポイント

インスタグラムのフォロワー数が5.5万人（2021年5月時点）の大人気ハンドメイド作家・尾山花菜子さん（P.144）に、フォロワーさんを増やす写真のポイントを教えてもらいました。

### 1　カメラや撮影する時間帯を意識する

インスタグラムでフォロワーさんを増やすには、やはりキレイな写真が必須。以前はスマートフォンで撮った写真を投稿していましたが、現在はミラーレス一眼レフカメラで撮影。自然光が柔らかい午前中から午後の早い時間帯に撮影を終えるなど、キレイな写真を撮るためにカメラ、時間帯も意識しています。

### 2　作品と写真のイメージを一致させる

メルヘンティックで愛らしい自身の作風と、インスタグラムの大人っぽいレトロ感のあるフィルターのイメージの違いに違和感があった花菜子さんは、撮影した写真を軽快な印象作りができるLINEカメラで加工。作品のイメージに合う写真にするために、アプリも変えています。

### 3　背景やアングル、色合いにも注意する

撮影する場所がいつも同じだと、どうしても背景やアングルが一緒になってしまいます。そこで撮影場所を変えることで角度、背景に変化をもたせるなど、脱・マンネリを意識。

## 4　動画を活用する

フォロワー数に伸び悩んだ時には、人気のインスタグラマーさんの投稿をチェック。花菜子さんがいいなと思ったのは、動画を投稿しているインスタグラマーさんたちでした。制作の様子や、作品の特徴であるキラキラ感、シャラシャラと鳴る音は、動画だからこそ伝えることができます。最近ではライブ動画で花菜子さんのアトリエも披露しています。

cocotte・花菜子さんのインスタグラム

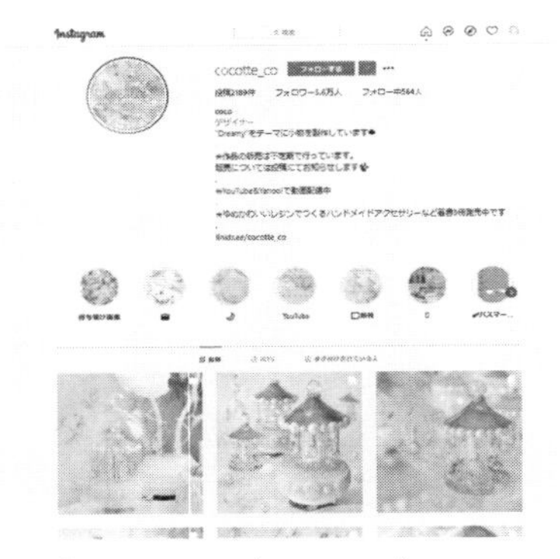

https://www.instagram.com/cocotte_co/

lesson

# 05 インスタグラムでファン作り



「ブログ投稿用に写真をかわいくオシャレに加工したい」とインスタグラムのアプリをダウンロードしたのがきっかけでインスタグラムをはじめたのは、P.28でご紹介した犬服ブランド・アドゥマンの旗手愛さん。ある日「いいね」がついたことで、「見ている人がいる！」と気づいたそうです。

「だったらちゃんとした投稿しなくっちゃと、意識が変わりました」という愛さんは、イベントの紹介や犬服の制作過程の写真を投稿するように。すると、イベント出店のたびに「インスタを見て来ました」と声をかけてくれる新規のお客様が増えていきました。インスタグラムがお客様との最初の接点になることを実感した愛さんが最初に取り組んだのは、「キレイな写真が撮れるようになること」でした。

一眼レフカメラでの撮影を覚えるためにスクールに参加して腕を上げると、2～3ヶ月でフォロワーさんが100人ほど増え、念願の1,000フォロワーさんを達成。写真を変えただけでも、フォロワーさんが増えることを実感しました。

念願の1,000フォロワーさんを達成できたことから、何を投稿したらいいのか、どんなハッシュタグをつけたらいいのかに興味を持ち、上手に活用しているお友達の投稿を研究するようになりました。ところがお友達のオマージュだけではうまくいかず、当時流行っていたフォロワーさん増やしのテクニック、とにかくたくさんの人をポチポチとフォローする「ポチポチ作戦」を開始。これによって、フォロワーさんは増えたものの、お客様や売上が増えたわけではありませんでした。

そんな愛さんが、インスタグラムで濃いファンを作れるようになったのは、つながりたいお客様とつながるための土台となる「ブランディング」をしたからでした。

写真がキレイであることは必要だけど、ただキレイな写真が投稿されているだけでは、お客様はフォローしてくれません。お客様が「またこのアカウントを見たい」と思うように、お客様にとって有益な情報が何かを深掘りし、結果、愛さんはアカウントを２つに分けることにしました。

１つはブランドが伝えたい「ワンちゃんとの楽しい毎日」を、お出かけ情報やグッズと一緒に紹介するアカウント。もう１つはブランドのお洋服を販売するためのアカウントです。前者のアカウントでは主だった宣伝はせず、ブランドの思いや世界観を伝え、興味を持ってくれた人たちが、結果として後者のショップのファンになってくれればいいと考えているそうです。

「インスタグラム は誰もがカンタンに使えるツールだから、誰もが使っているような使い方が当たり前と思われるかもしれません。またテクニックだけでファン作りができると思われがちですが、大事なのは見てくれているお客様が『この作家さんとつながりたい』と思ってくれる発信ができているかということです」。

「SNSは集客ツールではない」という基本に気がついたことで、本当につながりたいお客様がファンになって応援し続けてくれる大切なパートナーとなるツールになったようです。

## 旗手愛さんに聞く！ インスタを育てる5つのステップ



### ステップ1　写真を撮ろう！

当たり前と思われがちですが、インスタグラムが続けられない人の多くは写真を撮る癖がありません。まずは写真を取る癖をつけるところからはじめましょう。愛さんも素材を購入した時、カットした時、ミシンを踏む時、でき上がった時、モデルでもあるワンちゃんとお出かけした時など、必ず写真を撮るようにしているそうです。「インスタグラム は写真がないと投稿できませんから」。

### ステップ2　写真を加工しよう

撮ってそのまま投稿するのではなく、キレイに見えるかをチェックし、必ず写真を加工して投稿しましょう。どうやって加工すればいいのかわからない方は、インスタグラムのフィルター機能を使ってもいいでしょう。その際には、投稿のたびに違うフィルターを使うのではなく、同じものを使うことが大事です。するとフィードの統一感が生まれてキレイに見えます。

### スタップ3　フィードとストーリーズを分けよう

フィードはあくまでも世界観を伝える場所。ハンドメイド作家さんであれば、素材、作品、作品の制作過程など、ブランドの世界観がわかるような統一感を意識しましょう。

ブランドとは直接関係のない食べ物の写真や行った場所などのパーソナルな情報は、あなたの人柄やライフスタイルを知ってもらってファン作りのきっかけとなるもの。そうした写真はストーリーズに投稿しましょう。フィードとストーリーズをわけて使うことで、世界観を表現しやすくなります。

### ステップ4　導線を作ろう

ただ作品の写真を掲載し続けるだけでは、販売につながりません。どこで購入できるのか、どうやったら購入できるのかという「販売に関する情報」がわかりづらい、探しづらいために、お客様が購入する機会を逃しているケースも多いのです。

お客様が「欲しい」と思ったタイミングですぐに行動に移せるためには、「購入のご要望はDMで受けつけています」とか「プロフィール欄のURLをクリックしてね」といった基本的な情報を必ず説明欄や投稿の最後に書いておくことが大事です。

### ステップ5　コミュニケーションを取ろう

インスタグラムはコミュニケーションツールです。あなたとお客様が積極的なやりとりをすることで、お客様のフィードやストーリーズにあなたが登場しやすくなります。「いいね」をもらったら、お相手にもコメントをお返ししたり、ストーリーズのアンケート機能を使ってコミュニケーションをとっていきましょう。

ワンちゃんとの楽しい毎日を
紹介するアカウント

https://www.instagram.com/basiglam/

販売のためのアカウント

https://www.instagram.com/ademain_dogwear/

## インスタグラムのプロフィールに貼れるリンクは1つだけ!?

ネットショップやブログ、ツイッターなど他のメディアのURLを表示させたくても、インスタグラム に貼れるURLはたった１つだけ。そんな時に使いたいのは、たくさんの情報をまとめて１つのURLで表示させてくれる無料のサービスです。カンタンに使えるので、多くのインスタグラム利用者が活用しています。

Linktree
（リンクツリー）
https://linktr.ee/

Lit.Link
（リットリンク）
https://lit.link/

lesson

06

# インスタグラムで 伝わる写真と投稿順序

インスタグラムを活用する＝キレイな写真が必要ということはおわかりいただけたかと思います。インスタグラムだけでなく、ネットショップや他のSNSでも、写真はブランドイメージを伝える重要な要素です。

では、どうすればキレイなだけでなく「伝わる」写真になるのでしょうか。ぽっちゃりさん向けのお洋服を作っている作家でフォトスタイリストのKANKOさんに聞いてみました。

P.137でもお伝えしている通り、フィード投稿ではあなたのブランドの世界観を伝えるために統一感が必要です。インスタグラムは１投稿で10枚まで写真を載せることが可能です。

そこで、１枚目の写真はパッとみた時に興味を持ってもらいやすい「イメージ画像」を使いましょう。作品がよりよく見えるようにスタイリングをする場合は、作品と小物や背景のスタイル（P.141参照）がマッチしているものを選びましょう。

２枚目は使っている材料や道具などの写真で、「作る過程」をお客様にお見せしましょう。布であればキレイにたたみ、羊毛であればふんわり柔らかく見えるように撮影します。作る過程や作っている雰囲気が出せることで、お客様とでき上がりのワクワクする気持ちを共有できます。

3枚目は作品の詳細がわかるもの、また「ここだけはみて欲しい」と思うアピールポイントを投稿しましょう。作品の全体が写っている必要はありません。見せたい部分に近寄って、しっかりとお見せしましょう。

4枚目は身につけたり手に持つなど、「購入した後」が想像しやすくなる写真を選びます。リモコンや3脚を使って自撮りにもチャレンジしてみましょう。

5枚目はお客様の行動を促す投稿をします。「いいね」や「フォローしてね」など具体的に伝えることが大事です。

lesson

# 07 インスタライブでファンと交流売上アップも！

2020年は、新型コロナウイルスの影響で対面販売の場であるイベントが相次いでキャンセルになりました。P.2でご紹介しているnikoの岡部圭子さんもその1人。出店していた商業施設ではじまったばかりのイベントは、緊急事態宣言で終了。売上を予測して大量に準備した作品が行き場をなくしてしまいました。

ところが圭子さんはすぐさま気持ちを切り替え、インスタライブで作品を紹介し販売。するとたったの3日間で30万円もの売上を上げることができました。実は圭子さんは、インスタライブをはじめる1年前から、販売用の動画を作り、インスタグラム のIGTVを活用した動画販売の経験者でした。

「インスタグラムで作品の写真を見て興味を持ってくれた人がいたとしても、『この点が知りたい』と思うようなことが1つでもあれば、購入には至りません。気になることがあっても、わざわざダイレクトメッセージで質問を送るのは、お客様にとっては面倒なのです。ところがインスタライブでは、『もっと近くで見せて欲しい』とか、『他の色はありますか？』など、知りたいことを直接作家さんに聞くことができます。また、作家さんの人となりを知ることでファンになってもらいやすいです」。

顔出ししてお話しするのが苦手という作家さんは多いのですが、作業中の手元の様子や作品の詳細を説明するライブに取り組む作家さんも少なくありません。

お客様との接触回数を増やすことで関係性が深まることを「ザイオンス効果」と言います。ライブを通じてザイオンス効果を高めて、お客様との関係を深いものにしていきましょう。



## インスタライブで売上につなげる5つのステップ

### 1　告知する

ライブをやる日時はあらかじめ告知しましょう。告知するかしないかで視聴数は変わってきます。

### 2　ストーリーを語る

WHY（なぜ）、WHAT（何）、HOW（どうやって）を意識してお話をしましょう。なぜこの作品を作ったのか、この作品のどこが魅力なのか、どうやって使ったらいいのかなどです。

### 3　盛り上げる

コメントを拾って応えていきましょう。名前を読み上げると、より一層、親近感が湧きます。「気に入ったらハートマークを押してね」など、どう行動したらいいのかも伝えましょう。

### 4　行動を促す

作品を販売するライブであれば、どのサイトで購入できるのかを伝えましょう。当日に購入するメリットもしっかり伝えることで行動を促しやすくなります。

### 5　感謝を伝える

ライブ終わりは視聴の感謝の思いを伝えます。自分の今後の夢や目標なども語るといいと思います。

lesson 08

# YouTubeでファン作り

レジンを使った、パステルカラーのキラキラした「Dreamy」スタイルの雑貨やアクセサリーが大人気のハンドメイドブランドcocotteの尾山花菜子さん（P.133）は、インスタグラムがきっかけで作品作りをはじめ、インスタグラムを通じてハンドメイド作家としての活動をスタートした1人です。

フォロワーさんに喜んでもらえるようにと、簡易的な制作動画をインスタグラムに投稿していたところ、「YouTubeでも動画を見てみたい」というリクエストをいただくようになり、2017年11月にチャンネルを開設しました。

しかし開設当初は、動画を数本アップしたものの、思うように再生回数が伸びず、更新をストップ。その後、2020年にコロナ禍でおうち時間が増えたことで、動画の需要が高まっていることを感じ、4月から本格的にYouTube投稿を再開しました。

花菜子さんが意識しているのは、キレイな映像であることと、世界観を正しく表現することです。作品の価値の高さを伝えるために、制作中の様子を動画にして配信。作業音が好きというお客様もいるため、BGMや音声での解説は入れていません。

投稿の本数よりも動画のクオリティを高めるようにしているため、月に1〜2本程度の更新ですが、1本の動画の再生回数は多いもので58万回視聴されているものも。現在のYouTubeのチャンネル登録者数は5.72万人。最近ではYouTubeを見た方がインスタグラム のフォローをしてくださるケースが増えているそうです。

lesson

# 09 ハッシュタグでつながるオンラインイベントでみんなでファン作り

「非対面」「集まらない」が求められるようになった2020年。イベントという販売先を失った岡部圭子さん（P.2）が取り組んだのは、オンラインでの自主開催のイベントでした。

親しいハンドメイド作家さんに声をかけ、同じテーマで作品を作り、販売期間を決め、イベント名をハッシュタグにして、各自のSNSを使って一斉に拡散するけれど、販売サイトや決済方法は各自で設定というシンプルなもの。いわば、合同展示会のオンライン版です。

圭子さんが意識したのは、ジャンルがかぶらないけれど、関連している作家同士であるということです。

例えば、圭子さんのブランドはバッグやポーチなどを販売していますが、バッグと相性のいい洋服や刺繍のブローチを作る作家さんにも出店してもらい、相乗効果で全員の売上アップをめざしました。

仲間の投稿したSNSをリツイートやシェアしたり、一緒にインスタライブを配信したりなど、オンラインだからこそ思い立ったらすぐに発信できるのが大きなメリットです。また、通常のイベント出店に必要な出店料、什器代、移動費が、オンラインなら不要です。出店にかかる準備や移動の時間も短縮できます。

結果として、全員が新しいお客様と出会うことができ、利益率のアップにもつながったようです。

私自身、2021年7月に3回目となるオンラインイベントを、92名のハンドメイド作家さん、講師の皆さんと開催しました。

「夏休み」をテーマに、ハンドメイド作家さんには作品を販売してもらい、講師の皆さんからは作り方動画や特別価格でのキット販売を提供してもらうイベントです。

専用サイトを立ち上げ、企画の趣旨をお伝えし、92名のバナーとショップ、もしくはプレゼントの受け取り先のURLをリンク。集客や宣伝はみんなでするけれど、販売は各自で、というスタイルです。

結果、69名の講師が提供したプレゼント企画に7,550件ものお申し込みがありました。

オンラインイベントを開催してよかったのは、自宅にいながら、日本全国の講師たちが一堂に会して同じイベントに参加できたこと。そして1人でがんばらないほうがいいと実感できたことです。

コロナウイルスが収束し、対面型のイベントができるようになっても、オンラインイベントは新しいスタンダードとして広がっていくような気がしています。

Point

**ハッシュタグでできる**
**オンラインイベントの企画の立て方**

1　企画を立てる

2　仲間を集める

3　イベントの名前を決め、発信するハッシュタグの名前を決める。

ハッシュタグは誰でも作れますが、すでに使われているものだとイベントの限定性がアピールできません。
2020年秋に私たちが開催したイベントでは「#ハンドメイド美術館2020」としました。でも実は毎回イベント名を変えるよりも、毎回同じイベント名にして#を作ったほうが、認知が広がりやすいかと思います。

4　各自SNS、作品や参加作家の紹介、企画の意図、思いを発信。

5　販売スタート（できれば販売は1～3日間に。期間を限定することでパワーを集中できます）

期間中はインスタライブの回数を増やしましょう。最終日は人気アイテムの紹介や在庫の数、また思いをしっかりと伝えましょう。

オンラインであっても、最後の最後まで発信を続けることが大事です。

Handmade

lesson 10

# 少人数でも成果のでるオンラインイベントの作り方



世界中とつながれるイベントを紹介・プロデュースするオンラインイベント情報局Contigo（コンティーゴ）編集長で、ハンドメイド講師としても活躍中の篠原ういこさんに、小さな規模でも成功するオンラインイベントの3つの秘訣について聞いてみました。

## 1　オンラインイベントをリサーチする

まず、「ハンドメイドのオンラインイベントは未経験」という方が多いのではないでしょうか。どんなツールを使うのか、どう接客し販売するのかなど、想像つかないことが多いはずです。そこで、いきなりオンラインイベントを立ち上げるのではなく、まずは開催されているイベントにお客様として参加してみましょう。
「どんなに素敵な仲間が集まっても、『オンライン』という状況に慣れていない参加者もいるはず。そんな時に、オンラインイベントの経験者がメンバーとして加わってくれたら心強いですよね」。

お客様として参加してみることで、出店している作家さんとの横のつながりもできます。まずはリサーチがてら参加してみましょう。

## 2　準備期間は長すぎず、短すぎず

制作期間は作家さんによって長短あるとは思いますが、オンラインイベントの企画、メンバー集め、広報、開催までは、極力1ヶ月ぐらいがいいと言う、ういこさん。その理由は、準備期間が長いと、メンバーの意識に緩みが出てしまうことがあり、結果として気持ちが揃わなくなってしまうから。

イベントの成功の鍵は、いかに参加者全員の集中力が途切れないようにするかということ。全員が一丸となって集中することによって、最大の成果が得られます。

### 3　インパクトのある発信で！

フォロワー数が多かったり、人的なネットワークを持つ参加者が引っ張ってくれると、イベントの集客・広報はうまくいきやすいのですが、ほとんどのケースはフォロワー数が多いわけでも、強力なネットワークがあるわけでもありません。だからこそ、複数のメンバーで発信し、広報していくことが欠かせません。

ういこさんが心がけているのは、「楽しくインパクトのある発信」だそうです。「開催日だけ発信したり、『来てね』ばかりだとつまらないですよね。そこで、うまく進んでいることだけでなく、うまくいかない状況もネタにして発信する癖をつけるように心がけています。マイナスな時こそ、プラスに！　危機がチャンスになります」。

イベントに限った話ではありませんが、一番大事なのは「継続すること」だそうです。定期的に開催することで少しずつ認知が広がり、ファンがつき、リピーターさん作りにつながるそうです。



みんなで楽しむオンラインイベント情報局
Contigo[コンティーゴ]
https://note.com/contigopress/m/m8462f47ba273

エッグシェルモザイクアート&クラフト
〜世界初★卵の殻からつくる虹色モザイクアート〜
https://espeglass.wixsite.com/egg-shell-mosaic

lesson 11

# 音声アプリでファンとつながる

動画の需要が増えているのはわかっていても、「顔出しするのはちょっと……」と躊躇する人は少なくないかもしれません。動画を撮影するには場所が必要で、お化粧したりお洋服を選んだり、それなりに身なりも整える必要があり、はじめてはみたものの更新がストップしがちです。そんな折に、「ラジオのように配信できる音声アプリの人気が高まっている」という話題を耳にしました。

テキストや画像、動画の場合、そこから「目」が離せないため、一度見はじめると他のことができなくなりますが、音声であれば「ながら視聴」ができます。

「手作業の多いハンドメイド作家さんに受け入れてもらいやすいメディアかもしれない」と考えた私は、気軽に収録・配信ができる音声配信アプリのstand.fm（スタンドエフエム）で、2020年5月から100日間配信にチャレンジしてみました。私の場合、ハンドメイド作家さんのお悩みにお答えしたり、マーケティングの話などを配信していましたが、同時期に音声アプリ上で出会ったハンドメイド講師の方は、自分の好きなものやお教室でのエピソードをお話しされていました。

集客に直接役立てるというよりは、受講生さんに楽しんでもらうという目的が強かったと思います。

2021年1月にはアメリカで話題になっていた招待制の音声チャットSNS・Clubhouse（クラブハウス）が日本に上陸し、大きな話題となりました。対面での会話の場が奪われていた私たちにとって、恰好の井戸端会議の場所ができ、つながりたい人と、音声だけでつながることができるという気軽さに、すっかりハマった人も多かったようです。

話題の音声アプリですが、ハンドメイド作家さんとの相性はどうでしょうか？　Clubhouseユーザーのハンドメイド作家さんに話を聞いてみました。

P.6で紹介しているペットの写真をフォト刺繍にして雑貨を作る渡辺志保さんは、販売で得た利益の一部を保護猫活動に支援したいと考えていましたが、支援団体の数は多く、どう選べばいいのかわからずにいました。そんな時に、Clubhouseに立ち上がっていた動物関連の部屋で、動物支援をしている人たちの生の声を聞き、情報を得たことで、現在は売上の一部を保護猫活動の団体に支援できるようになったそうです。「Clubhouseにはいろいろなジャンルの専門家がいるので、興味のある部屋で知りたい情報を収集することができます」。

P.90のドール作家Ne-giさんは、「ハンドメイド」がテーマの部屋で、それまで出会うことのなかったハンドメイド作家同士での会話を楽しむようになったそうです。お互いの悩みを相談したり、情報を共有することができ、そこからツイッター上でもリツイートし合う間になっていったそうです。

2021年5月にはツイッターが音声ライブ機能「Spece（スペース）」のサービスをスタート。音声配信の需要の高まりを感じさせます。

売上に直結させるというよりは、情報収集やつながり、ファンとの交流の場を育むのに音声アプリは活動できそうです。

Clubhouse「ハンドメイド作家＆講師クラブ」
日本一ハンドメイドの夢が叶う場所「今日の DREAM&LOVE 宣言」
月曜日から金曜日まで毎朝 8 時 55 分から 9 時 45 分まで、日替わりのモデレーターがハンドメイド活動に役立つ情報を発信中。

stand.fm（スタンドエフエム）
https://stand.fm/

Handmade

lesson

12

# LINE公式アカウントを活用して売上アップ！

Part 3

## インスタグラムと相性がいいLINE公式アカウント

時代の流れと共に人気のSNSやコミュニケーションツールは変化し、同時に、マーケティングで活用されるツールにも変化が起きています。SNSにおいてはインスタグラムが人気で、コミュニケーションツールとしてはLINEがなくてはならないものになりつつあります。

ハンドメイド作家さんの多くは、インスタグラムを活用して作品を紹介し、投稿フィードやプロフィール欄からネットショップへの導線を作っていますが、実は売上を上げ続けている作家さんの多くは、インスタグラムにプラスして、LINE公式アカウントを活用しています。

日頃私たちが使っているLINEとLINE公式アカウントがどう違うのか、ご存じでしょうか？

大きく違うのは、LINEは個人一人一人に紐づいているという点で、規約上、ビジネスでの利用はできません。LINE公式アカウントは作家活動の情報発信やビジネスに活用できるものとなります。

LINE公式アカウントはアプリをダウンロードしてスタートすることができます。

LINEとLINE公式アカウントの違いで一番大きなところは一斉配信が可能という点です。あなたの作品や活動に興味を持ってくれる方に登録してもらうことによって、一斉にあなたの情報を発信できるツールとなります。

では、LINE公式アカウントをどのように活用すると売上アップにつながるのか？　LINE社認定LINE Green Badge資格ホルダーのまるちゃんこと丸田敏さんによると、次のポイントがあるそうです。

Point

**LINE公式アカウントの特徴**

**1 今まで出会えなかったお客様に出会える**

「SNSで使っているのはLINEだけ」という人が3,000万人いると言われています。つまり、LINEしか使っていない未来のお客様と出会うチャンスということです。

**2 情報が届きやすい**

インスタグラムやブログは、お客様が見に来てくれないことには作品の情報をお届けすることができない“待ちのツール”です。LINE公式アカウントの場合、登録してくれた人に対して、自分から直接情報をご案内することができます。

**3 売上につながりやすい**

登録者に対して、自分が設定した時間に作品のご案内をお届けできます。また、ワンツーワンのやりとりで、個別対応も可能です。そのため、即売上につながりやすいのも大きな特徴です。

私の運営する塾でも、受講生さんたちは全員LINE公式アカウントを持ってお客様とコミュニケーションを取り、プレゼントを提供したり、自分の思いを伝えたり、販売のご案内をして売上を伸ばしています。

ところが、LINE公式アカウントを運用する上では、次のようなお悩みもあります。

こちらについても、まるちゃんに答えていただきました。

Q 登録者が増えません。

A そもそも、あなたのLINE公式アカウントの存在がお客様に伝わっていない可能性があります。インスタグラムやブログ、ツイッターなどSNSのプロフィール欄にLINE公式アカウントのリンクを貼りましょう。

また、たくさんの人に登録してもらうことよりも、より興味を持ってくれる人に登録してもらうことが大切です。クーポンや割引券などの発行も効果的ではありますが、値引き目当てで登録した人には、1回限りでブロックされることも珍しくありません。

本当に興味を持った人を集めて、その人たちに楽しんでもらうために、登録者さん限定で作品ができるまでの動画や作品集をプレゼントをするのもいいでしょう。

Q 配信しても反応がありません。

A あなたに興味を持つ本当のファン・お客様ではない人たちが登録している可能性があります。

セールスばかりの配信や文字だけの情報だと、つまらない、飽きられるということもあります。テキストのみならず、作品の写真や動画も一緒に配信していきましょう。

**Q 配信するネタがありません。**

そもそも無理やり配信する必要はありませんが、それを前提に、自分だったら好きなアーティストさんからどんな情報を配信してもらえたら嬉しいかを考えてみるといいでしょう。

LINE公式アカウントの最終目的は販売につなげることですが、販売だけを目的にすると、お客様目線の発信ができなくなります。大事なのは、コミュニケーションをとること。

作品の制作過程や実際に購入してくださったお客様の声を配信することで、信頼関係も作れます。また、試作中の新作についてカンタンな質問を投げかけたりすることで、コミュニケーションがとりやすくなります。

LINE公式アカウントはインスタグラムとの相性もいいので、インスタグラムからLINE公式アカウントに登録してもらい、インスタライブの配信のご案内をLINE公式アカウントからしてみると、視聴数がアップすると思います。

そもそもSNSはコミュニケーションのツールです。トレンドとなるSNSはその時々で違いますが、目的は一緒です。あなただったらどんな情報が届いたら嬉しいか、またどんなメッセージが届いたらアクションしやすいかを考えるところからはじめてみましょう。

丸田敏さんのLINE公式アカウント
https://line.me/R/ti/p/%40867kbdst

LINE公式アカウントとは？

情報発信やビジネスに活用できるLINEとは別のアカウントのこと。LINE公式アカウントに「友だち」登録してくださったお客様やファンの方へ、メッセージや情報を一斉配信することができます。

https://www.linebiz.com/jp/service/line-official-account/

lesson

# 13 未来を変える！ SDGsな ハンドメイド活動

「オーストラリアにはスターバックスがない⁉」

前作の冒頭で、オーストラリアのカフェ事情について取り上げました。おいしいコーヒーを提供するカフェはたくさんあります。それゆえに他店との差を作ることが難しい――これはカフェに限った話ではなく、ハンドメイド作家さんにも共通するテーマでもあるわけです。

たくさんのハンドメイド作家さんが活躍する中で、どんなに新しい技術を取り入れても、どんなにオリジナリティを出そうと努力しても、それだけで「ブランド」として認知を広げるのは、とても難しいことです。競合ひしめくオーストラリアのカフェ事情として紹介したあるカフェは「コーヒー豆の生産者に公正な代金を支払う」ことを掲げ、１杯の値段が他店より高くても、その考えに共感した人たちで行列ができる人気店でした。

見てわかる「差」も大切ですが、見てわからない「思い」を伝え、共感する人たちと同じ方向性を見ながら社会と一緒に成長していくことが、新しいブランド作りになりつつあります。

そうした考え方のきっかけともなっているのがSDGs（エスディージーズ：Sustainable Development Goals）と呼ばれる持続可能な開発目標です。

世界中で起こっている貧困、人種差別、環境破壊などの地球規模の問題解決のために、国連（国際連合）が2030年までの国際目標として定めたのがSDGs「持続可能な開発目標」で、求められているのは「環境保護」「社会的包括」（障害者、高齢者、難民、移民、子どもなど立場の弱い人々が排除されない社会で潜在的な能力を発揮できる環境を整備すること）「経済開発」の３つの要素。目標は17個あります。

難しく聞こえるかもしれませんが、実は私たちが日常生活で実践できることがたくさんあります。例えば、エコバッグを使うことは、海に流れ込むプラスチックゴミの削減につながります。また、今まで使っていたものをリメイクすると、結果としてゴミの量を削減し、無駄な資源を使わず、環境への負担を減らすことになります。

SDGsに無関係な人はいません。私たち一人一人、そしてハンドメイド作家として自分ができることを考えて行動するだけでも、SDGsに取り組むことになります。

### 環境に負担をかけない「ハギレで作るアクセサリー」

布や糸などのナチュラル素材でアクセサリーやターバンを作るAtelier Otti（アトリエ オッチ）の西村美紗さんは、以前はアパレル業界のバイヤーでした。大好きな仕事として携わってきた中で心を痛めたのが、生地や服の廃棄問題です。

「人が着飾る裏側で起こっている悲しい現実を少しでも知ってもらい、批判ではなく、おしゃれをしながらデザインやアイデアで新しい価値を持たせ、新しい作品に生まれ変わらせる。そんなアップサイクル品を作りたい！」。

そうした思いではじめたのが、ハギレで作るアクセサリーです。布を扱う作家さんや服飾メーカーさんから出るハギレを譲ってもらったり、織物工場で眠っていた生地や糸を安く仕入れたり、ハギレを使い切る工夫とアイデアで素敵な作品に生まれ変わらせることができました。

アトリエオッチの人気作品の「エコたまアクセサリー」は、1.5cm角にカットしたハギレを80枚ほど使って作るので、手間と時間がかかりますが、お客様が喜んでくれることが何よりの喜びになっているそうです。

## 「木のブローチ」の商品化で植林活動を支援

P.2のnikoの岡部圭子さんがブランドとして取り組んでいることの1つに、植林活動があります。

ハンドメイドの活動と植林は、一見するとまったく別のことのように見えますが、圭子さんが目指しているのは、自分で植えた木を30年から60年かけて育て、その木でバッグのハンドルを作り、長く使ってもらえるようにすること。

圭子さんのお祖父さんが林業に携わっていたことで、小さな頃から人工林の森で遊んでいた経験がきっかけになっています。子どもの頃、当たり前に遊んでいた森の木々が痩せ細っている様子を見て、人工林には人の手が必要で、管理をしないことにはうまく育たないということを知りました。逆に手をかけて育て、切って、商品化することで、持続可能な素材になるということにも着目しました。

ハンドメイドのブランド活動で日頃から発信をしている圭子さんは、同じ発信するのであれば、持続可能な素材のことも発信しようと決め、2018年に木のブローチを作るところからスタートしました。「長い活動になりますが、木を育てることは、自分のブランドを育てることにもつながっていきます」と圭子さん。

ブランドを育てることは、未来の自然環境を育てることと一緒。ハンドメイドの世界にもSDGsが広がっています。

SDGs(Sustainable Development Goals/
サステナブル ディベロップメント ゴールズ)

国連が決めた2030年までに世界の人々が達成しなければならない17の目標と169のターゲット。地球上の「誰一人取り残さない（leave no one behind)」ことを誓っています。

https://www.mofa.go.jp/mofaj/gaiko/oda/sdgs/about/index.html

# ハンドメイド作家を続けていくための成功マインド・活動の広げ方

## Part4 Point

ハンドメイドに限らずどんな仕事でも、続けていく中で壁にぶつかることがあります。

今までは順調だったのに、最近、売上が減ってきた。

知ってもらえるのは嬉しいけれど、作品が真似されるようになってきた。

アイデアが思い浮かばず作品が作れない。

作品が売れて嬉しいけど、これ以上の制作は無理！

これらの悩みはあなただけのものではありません。

成長していく中で必ず抱える課題なのです。

そこで、より楽しく、より自分らしく大好きなハンドメイドを仕事として続けていくためには、どうやってマインドを育てていけばいいのか、また、活動のステージをもう1段上げるためには何が必要なのかをお話ししていきます。

lesson 01

# 新しいお客様やリピーターさんを増やす前に

お店のプロデュース時代からハンドメイド作家さんとやり取りをしてきたので、かれこれ20年くらいはハンドメイド作家さんのプロデュースをしてきたことになりますが、そんな中、人気作家として長年活躍できる人には特徴があることがわかりました。

一番にあげられる特徴は、「続けることを決めている」ということです。

ハンドメイドが大好きなあなたなら、もちろん「続けたい」と思っているでしょうし、やめる日が来ることなど想像できないかもしれません。

ところが、いざハンドメイド作家業をはじめてみると、集客できないとか、思うように作品が売れないとか、いろんな壁にぶち当たります。そうなると、ハンドメイド作家業を仕事にすることをやめる理由がいくつも出てきてしまうのです。

そんな時でも「続けることを決めている」人たちは、「続けるための方法」を考え、取り組んでいます。

例えば、本を読んだり、時に勉強会に参加したり、1人で乗り越えられなければプロの力を借りるなど、壁を乗り越えるという選択をしているのです。

P.2でご紹介した岡部圭子さんもその1人。作り続けるだけの活動に10年後が想像できなくなったタイミングで私に会いにきてくれました。その時に提案したのが、「ストーリー作り」です。ストーリーを作ることで、原点を振り返ることができます。また、届けたい思いや相手が明確になるため、伝えるための方法や頻度、言葉が変わってきます。

つまり、今までとは「変わる」のです。

実は、この「変わる」ということが一番の高い壁です。人の脳は「今までと一緒」が大好きだと聞いたことがあります。「よーし、今日からダイエットする！」と決めても3日後に挫折してしまうことは多いですよね。変わりたいと思っても、それを続けることがとても難しいのです。

そんな時に大事なのが、「環境を変える」ということです。場所を変えるというよりも、一緒にいる人を変えるという意味合いです。

一緒にいる人たちが変わると、それまで自分が当たり前だと思っていたことが、実は当たり前ではなかったことに気がつきます。

それに気づかないと、いつまでも「がんばる」だけで乗り越えようとしてしまいます。というのも、「自分にはがんばりが足りない」と思い込んでいる人が本当に多いのです。

壁にぶつかった時には、「今までやってきたことは、これまでのブランド作りでうまくいったことであって、今以上のブランドを作るには、同じやり方ではうまくいかない」と認めること。今までのやり方や安易な方法に執着するのではなく、「変わる」ことが大事なのです。

これまで何人もの才能のあるハンドメイド作家さんに出会ってきましたが、私がどんなに「作品が素敵」だと伝え、励ましても、本人が変わらなければ、いつまでも状況を変えることはできません。「続けることを決めている」ということは、「変わる」ことにも挑戦するということ。

新しいお客様やリピーターさんを増やす前に、今のやり方や自分の中の当たり前の殻を破ること。

怖がらなくても大丈夫です。あなたの前には「変わる」ことで次のステージに上がっていった人たちがたくさんいます。あなたにも必ずできます！

ハンドメイド活動を続けていくために必要なもの、
優先順位をつけてみましょう

1　新規のお客様を作る
2　リピーターさんを作る
3　スケジュールを立て、管理する
4　ペルソナと価値を再確認
5　現状分析
6　ミッションを明確にする
7　自分の意識改革

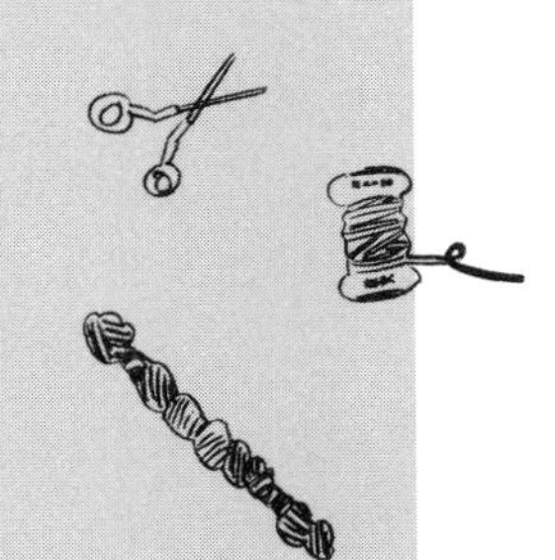

答え
1　自分の意識改革
2　ミッションを明確にする
3　現状分析
4　ペルソナと価値を再確認
5　スケジュールを立て、管理する
6　リピーターさんを作る
7　新規のお客様を作る

lesson

# 02 自分が活動できる時間を把握しよう！

仕事にするということは、毎月稼ぎ、生計を立てるということです。今月だけたまたま売上が作れても、来月、再来月、その先がずっと0だと生計を立てていくことは難しいですよね。

そこで、計画的に毎月の売上を作っていくための目標設定が必要です。

目標を設定する際に、無理な計画を立ててしまうケースがあります。それは自分が1日、1週間、1ヶ月でどれだけハンドメイド活動に時間をかけることができるのかがわかっていない場合にしてしまいがちなことです。

たとえば、面倒を見なければならない家族がいて、現在フルタイムでお勤めをしていて、週に2日お休みがある作家さんの場合、お仕事がある日はハンドメイド活動に関われる時間はそう多くはありませんよね。朝の30分〜1、2時間程度。夜も家事を終えた後、1〜2時間程度になると思います。その場合、制作しているジャンルにもよりますが、1日に1点作るのも難しかったりもします。週末にまとめて作業ができる場合にはどれくらいのことができるのかを知っておくことで、きつい目標設定をして、結果できずに落ち込んでしまうことはなくなります。

平日はSNSやブログの更新、材料の整理に集中して、週末に制作をするなど、作業内容をスケジュールに落とし込んでいくことで、正しい目標を設定することができるようになります。

目標が達成できないのは、必ずしも、やる気や覚悟や根性が足りないからとは言い切れません。時間は誰にとっても限られています。最初から無理な計画を立てていませんか？　まずは限られた自分の時間を把握することから正しい目標設定をしていきましょう。

Point

**あなたの1日を振り返ってみましょう。**
**今日やることは？**

重要度（高↑／低↓）・緊急度（低←／高→）

| | |
|---|---|
| **3　急ぎではないが大事**<br>例：写真の撮り方を習いに行く<br>➡未来につながる時間 | **1　急ぎで大事**<br>例：お客様の納期が明日！　今日中に作品を仕上げて、納品書を書いて、発送しなくては!!<br>➡優先順位1位 |
| **4　急ぎでも大事でもない**<br>例：テレビを観たり、漫画を読んだりする<br>➡この時間をカット | **2　急ぎだけれど大事ではない**<br>例：イベントの打ち上げ、両親の旅行の予約<br>➡自分以外の人に頼めないか？　そもそも必要な時間か？ |

時間を有効に使うためには、「４」をなくすこと。「２」は「今やらなくては！」にならないようにするために、時間を管理する必要があります。自分以外でもできることは他の人に任せてしまうというのも、時間を確保する上で大切なことです。「３」のように「今でなくていい」となると先延ばしにしがちですが、将来のための時間は必要です。まず１日に10分から「３」の時間を確保することを意識しましょう。

lesson

03

# 時間と体調の管理は売れっ子作家さんの必須項目！



千葉県八千代市のご自宅でフラワーアレンジメントの教室・フルールドセゾンを運営している作家で講師の武田美保さん（https://ameblo.jp/fds2007/）は、講座の中で仕事をする上で心がけていることを2つあげてくださいました。

それが時間と体調の管理です。

仕事には納期があります。子どもが体調を崩しても、あなたの使っている道具が壊れても、納期が決められている以上は納期を守るのがプロの仕事です。

材料を調達し、デザインを考え、制作をして、いつ発送すれば間に合うのか、各工程にかかる時間を算出し、納期に間に合うスケジュールを組みます。

また、講師をしている美保さんが体調を崩した場合、代わりを探すのは簡単なことではありません。楽しみに通ってくれている生徒さんに迷惑がかからないようにするためにも、日頃から体を動かして体力を向上させ、不摂生のない健康的な生活を送ることも意識をしているそうです。

決められた納期を守るためのスケジュール管理、そしていい状態で仕事をするための体調管理は必須です。

## ある日のスケジュール例

| 時間 | 活動内容 |
|---|---|
| 05:00 | 起床　おはよう！ |
| 06:00 | 家事 |
| 07:00 | |
| 08:00 | |
| 09:00 | 写真撮影、ブログ・SNS、新作アイデア |
| 10:00 | |
| 11:00 | ランチ |
| 12:00 | 制作 |
| 13:00 | |
| 14:00 | |
| 15:00 | |
| 16:00 | 夕食のしたく他家事 |
| 17:00 | |
| 18:00 | |
| 19:00 | 夕食、家族との時間 |
| 20:00 | |
| 21:00 | 納品書・発送の準備 |
| 22:00 | |
| 23:00 | 就寝　おやすみなさい |

lesson

04

# モチベーションが下がって作れない……作りたくない……



ハンドメイド作家さんたちからよく受ける相談の1つが、「モチベーションが下がって作品が作れない」ということ。

モノが作れなければ販売することもできませんので、深刻な悩みですよね。でもまずここで考えて欲しいのが、なぜモチベーションが下がっているのか？　ということです。

モチベーションが下がる理由として多いのは、睡眠不足が続いて体が疲れているということ、そして他の作家さんが生き生き活動しているのに自分はできていない……と比較して落ち込んでいることです。意外にも自分の体やココロの問題が原因になっているようです。

誰でもテンション高く活動できる時もあれば、モチベーションが下がって制作意欲が衰えることもあります。そんな時には、今の自分がどういう状態なのかを確認した上で、どうしたらモチベーションをマイナスからゼロに持っていけるのかを考えてみましょう。

疲れている時、寝不足な時は、私もモチベーションが下がります。そんな時にはとにかく早く休み、たっぷり睡眠時間をとります。

他の人と比較して落ち込んでいる時には、他人は他人でしかなく、自分は自分がやるべきことをやる！　と意識をお客様に向けます。あなたにはあなたのお客様がいて、あなたの作品を手にしてくれたら笑顔になりますよね。そんなお客様のためにあなたがやるべきことは、自分の作品を作ること！　他の作家ではなく、あなたのお客様を意識するといいでしょう。

ある人気作家さんは、毎月同じ販路で同じ作品ばかり作っていたことで、モチベーションが下がっていました。それこそ逃げ出したくなるくらい忙しい作家活動に疲れていたそうです。

そんな時に私のセミナーに参加してくれたご縁で、東京のセレクトショップでの展示販売に声をかけさせてもらいました。いつも作っているテイストではなく、ちょっと大人っぽいラインの作品をリクエストしました。

がんばり屋の彼女ですが、やりたいと思わなかったり、無理だと思ったらきっと断ってくるだろうと思っていました。実際に何度もダメ出しをして、何度も作り直してもらいました。そのたびにちょっと心配になりましたが、結局彼女はいつもと違う環境でいつもと違う思考で作品作りをすることで、平凡な毎日から脱出することができて、モチベーションアップにつながったと話してくれました。

モチベーションが下がったら、まずはその原因を冷静に振り返ってみましょう。

自分と向き合うこと、状態を冷静に考えることができるようになるあなただけの処方箋はきっとあなた自身が出せるはずです。

ハンドメイド作家さんにオススメの処方箋

お出かけ編

・映画を観る

・美術館巡りをする

・気になる街を散策する

・高級ブランド店に足を運ぶ

※なるべく非日常を体験しよう

おうち編

・アロマを焚く

・お気に入りの音楽を流す

・ゆっくりとお風呂に浸かる

・ペットと遊ぶ

・とにかくゆっくり寝る

lesson 05

# 新しいアイデアが浮かばない……──アイデアの探し方

今日のブログに何を書こう……。メールマガジンに何を書こう……。今日は何を書こうかとネタを探して困ることは、私にもたくさんあります。

そんな時、机にかじりついてアイデアが出てくるのを待つよりも、思い切って映画を観に出かけたり、美術館に行ったり、公園の木々を見たり、音楽を聴いたりするほうが、ネタにつながりやすくなるものです。

モノをクリエイトする作家さんにとって、常に刺激を受けることは新作作り、新しいアイデア作りにとても大事なことです。

ある作家さんは新しい作品作りのヒントにしているという雑誌の見方について話をしてくれたことがありました。

たとえば、ファッションの雑誌で洋服の配色や形、ボタンやフリンジや刺繍など、雑貨ではないものからオリジナリティのヒント、新作作りに役立てているそうです。

今何が売れているのかな？　どんな売り方をしているのかな？　どんなキャッチコピーが目を惹くのかな？　足が止まるのはどんなＰＯＰだろう？　など、お客としてスーパーマーケットやコンビニのレジを待っている間にも、世の中のユニークなマーケティングからヒントを得ることができます。

ヒット作品、新作のアイデアは自分の視点、モノの見方をちょっと変えるだけで、実はどこにでも転がっているものなのです。

「みんなが右を向いている時は左を向こう！」

これは私が塾生さんたちによくお伝えしている言葉です。「最近これが流行っているからこれを作る！」とか「みんなが作っているから私も作ったほうがいいかと思う」という話をよく聞くのですが、「右へならえ」をしたところで、すでにそれは飽和状態だったり、誰にでも作れるようなものであったりして、「らしさ」を表現できるかはわかりません。

また、今のヒット商品がずっとヒットし続けるということは考えにくく、値崩れがはじまる場合もあります。

みんなが揃って右を見ているのなら、違う方向を見ることで次のヒットのヒントが隠れている場合もありますよ。私は「今これが流行っているから」ということをベースに、「次はどうなるかな？」とよく予測します。私の会社が16年も継続できているのは、みんなが右ばかり見ている時に左を見てきたからじゃないかなと最近特に思っています。

lesson 06

# お客様の「いつでもいい」はいつでもよくない！——クレーム、トラブルの対応

「納期が守られない」もしくは「納期が勝手に先延ばしにされている」

これはお客様側からよく聞く不満の声です。

忙しいだろうからと配慮してくださるお客様の中には「いつでもいいですよ」と言ってくださる方も多いと思います。「いつでもいい」という言葉に甘えて後回しにした結果、納期が大幅に遅れることもありますよね。

P.171でご紹介した武田美保さんも、そんなことからお客様を怒らせてしまった経験がありました。そこで「いつでもいい」と言われた場合でも、自分で納期を決めてオーダー表に書き、そのコピーをお客様に渡すようになったそうです。

私も以前、作家さんにお願いした作品が1年後に届いたことがありました。忘れていたわけではないようですが、こちらはそこまで遅くなることを想像していなかったので、いつまでに欲しいと伝えておけばよかったと後悔しました。

逆の立場になったら、きっとあなたもこのことは理解できるはずです。

納期はお客様と一緒に決めること。そしてその納期はどんなことがあっても守ること。

また「あなたにお任せする」と言われた場合にも注意が必要です。「実はこんな感じがよかった」とか「イメージと違った」ということでやり取りが長引き、結果、オーダーがキャンセルになったという話を聞いたことがあります。

「お任せ」の場合こそ、実は綿密な提案が必要になることを知っておいてください。

オーダーの際には必ずオーダーシートをお客様と共有しましょう。

フルオーダーの際にはオーダーの流れをお伝えする必要があります。どのタイミングでご入金いただくのか、キャンセルはいつまでできるのか、お直しは何回までできるのか、などを細かく記載しておきます。

## オーダーシートの見本（セミオーダーの場合）

オーダーを受けた日　　月　　日

お名前

ご住所

電話番号

メールアドレス

納品場所

ギフトラッピングの有無

□有　□無

セミオーダーする商品名

色　□白　□ブルー　□ピンク

生地　□木綿　□デニム　□革

モチーフ　□星　□うさぎ

ご入金日　　月　　日

領収書　□要　□不要

（お宛名　　）

納品日　　月　　日

□キャンセル規約、個人情報の取り扱いについてのご案内

lesson 07

# よくあるクレームとトラブルへの対応



## 写真と違っていた！

自分の間違えであればすぐに謝罪をし、返品か返金対応を。

また色の違いであれば、パソコンやスマートフォンなどの画面などにより異なり、それが元でクレームになるケースがあります。あらかじめ、色については「見え方が違う」ということを販売ページに掲載しておきましょう。

## お客様から入金されない！

単にお客様が入金を忘れている場合、また一度購入したものの迷ってしまって遅れている場合があります。

まずは確認のメールを送ってみましょう。その際に、ご入金の期日を再度お伝えした上で、期日以降、どのようになるのか？（キャンセルになるのかなど）もお伝えしましょう。

確認することさえためらってしまう作家さんは多いのですが、あらかじめ、入金から納品までの流れをテキストにしておき、注文が入った際にはそれを合わせてお送りしておくと、未入金のお客様への確認もスムーズにできます。

## 使ってすぐに壊れた！

強度が足りていなかったのか、もしくはお客様の使い方に間違えがあったのかはわからないため、まずは「壊れた」という事実と、お客様に不安を感じさせてしまったことについて謝罪をしましょう。そしてどのような状態になっているのかを確認するために着払いで返送してもらいます。状況を確認した上で、どのように対応するのかをなるべく早く連絡しましょう。修理が可能であれば修理を、修理が不可能な場合には返金か交換の対応となりますが、明らかに制作側のミスであればお客様の要望を聞き入れるようにしましょう。

最近では作家さんの多くが「デメリット表記」（使い方の説明や間違った使い方に関する注意事項）のタグを用意しています。市販の商品を参考に、自分の作品であればどのような注意が必要なのかを書き出して、納品の際にお渡しするようにしましょう。さらに保証書を用意しておくと、お客様が安心して購入できるかと思います。

デメリット表記の例

・お洗濯の際には手洗いで他のものと一緒に洗わないようにしてください。
・汗や雨などの湿った状態でのご使用は色移りすることがあります。
・乱暴なお取り扱いにより壊れることがあります。ご使用の際には優しく丁寧にお取り扱いください。
・子どもさんやペットが口にすることがないように保管してください。
・本商品は非常にデリケートな素材でできています。(濡れ、ひっかけ、色落ちなどの注意喚起を合わせる)

こうした表記には、商品の性質や技術的な限界で、お客様にとってデメリットとなりうることに対して、事前に注意を促す役割があります。

lesson

08

# 活動を広げるためにチームを作る！

作ったものが売れはじめると、今度は「制作が追いつかない！」というお悩みが出はじめます。また、イベントも立て続けになると「在庫を作る時間がない！」つまりは売上が作れないという事態に。

どうしたらいいでしょうか？

1点ずつ銅版画を描き、絵本のようなバッグや雑貨を作るブランド＊PUKU＊の森祐子さんの場合も、あちこちから仕事の声をかけていただくものの、満足な作品量を納品することができず、この先はどうしようかと考えていたそうです。

最初は針仕事があまり得意ではないという自分の母親に制作の一部を手伝ってもらっていましたが、1日中作ってもなかなか進まず、そんな時に大きなイベントに出品することになり、本格的に手伝ってくれる人を探すことになりました。

当時を振り返ると、「少しは楽になったらいいな」という気持ちだったそうです。

最初にお願いしたのは手先が器用な親戚や友人たちでしたが、知り合いということで言いたいことが伝えられず、結果、仕上がりの直しを自分ですることに。

それでも「1人でやっていくよりはマシ！」と思っていましたが、結局、数ヶ月でうまくいかなくなりました。

その後、自分と一定の距離感を保てる人に声をかけ続けて、身内のつてで70代の縫製が得意な女性を、また中学時代の同級生から内職経験のあるお友達を紹介してもらい、さらにミシンのメンテナンスで来てくれた業者さんのつてでミシンの得意な人を紹介してもらってチーム作りをしていきました。

現在は「仕事」として自分が指摘しなければならないことは遠慮せずに伝えられるようになったそうです。

「振り返ってみると、仕上がりがうまくいかない原因は自分の指示の出し方が曖昧だったから、と思うこともあります」という祐子さん。現在は写真付きの指示書を用意し、アトリエに来てもらい、実演しながら注意点を口頭で説明。その後、必ず1点を制作してもらい、それをチェックしてから10～20個を作ってもらうようにしているそうです。

指示を出すまでの準備もあるため、手間に感じることもあるそうですが、「自分の手をかけなくても美しい仕上がりの完成品を受け取ると感動します」と笑顔で答えてくれました。

ハンドメイド作家さんの多くは、自分で手を動かし制作することに喜びを感じていると思います。しかし、制作だけでは仕事にならず、経理も写真撮影もブログの投稿もSNSも出荷も、全部を1人でやり続けるのは大変なこと。

祐子さんはチームを作り、納品点数を増やすことで、個展で過去最高の売上を作れるようになりました。

アシスタントさんや外注さんがいることで、いつも追われるように作業していたのが、気持ちの上でも楽になったそうです。

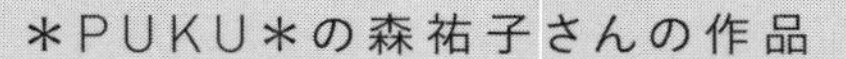

http://pu-ku.net

Point

**外注さんにお仕事を依頼する際には契約書や覚書を用意**

契約書がなくても、仕事を依頼することはできますが、納品日が守られなかったり、お金の入金が遅れたりすると、良好な関係を長く保つことができなくなります。
そこで、「仕事」としてのルールとマナーをあらかじめ契約書（もしくは覚書）という書式に落とし込んでお約束をしておくのがおすすめです。契約書というと堅苦しい感じがしますが、お互いに守っておきたいことについて箇条書きでまとめ、そこにお互いのサインをし、1部ずつ持っておくというやり方で十分です。

契約書・覚書にはこの項目を入れよう！

- 日付
- 誰と誰が契約をするのか？
- 何を何個、いくらで作ってもらうのか？
- いつ、どのように納品してもらうのか？
- 支払いはどのタイミングでされるのか？
- 交通費や送料、支払いの振込手数料などの費用負担は誰がするのか？
- もしも不具合が発生した場合、修正や材料の費用は誰が負担するのか？

作業を依頼したあなたやあなたの作品作りで必要な技術や材料費など、知られたくない情報を公開されないように機密保持についても記載しておきましょう。

縫製の外注さん探しに役立つサービス
縫製のクラウドソーシング「nutte(ヌッテ)」
https://nutte.jp

lesson

# 09

case チーム作り

# チームを作って年商2,000万円を達成した実例

子育てをしながら、自宅で仕事をして収入を得たいと考える人が増えています。インターネットが普及し、さらにはスマホを使って個人間で売買できるプラットフォームが増え、SNS経由で新しいお客様に出会えたり、ファン作りもできる時代です。働き方の1つとして、自宅にいながら好きなことをお仕事にするという選択肢は、もはや珍しいことではなくなりました。

ハンドメイドは、まさにそれを実現できるお仕事と言えるかもしれません。しかし、自分でブランドを立ち上げて、集客から販売までを1人でこなすこと、しかも売上をしっかりと上げ続けるのは、そう簡単なことではありません。

そんな中、チームでブランドを運営する人たちが現われはじめています。

京都でハンドメイドの委託販売店経営、アクセサリー作家さんのためのブランディング講師、そしてブランドオーナーと3つの顔を持つ前田ユリさんもその1人です。

もともと市販のパーツをつなぎ合わせて作るシンプルな技法でアクセサリーブランドを立ち上げて、1人で運営していました。委託販売だけでも月商60万～70万円の売上をあげていましたが、作り続けることに疲労困憊。相談を受けた私がユリさんに提案したのが

「チーム作り」でした。

市販のパーツをつなぎ合わせるだけであれば、ユリさん以外の人でもできます。その日のうちにユリさんがお母様に「作り手」探しを相談すると、すぐに2名の知人が名乗りをあげてくれました。

アクセサリー作り未経験の方達ではありましたが、作業はさほど難しいものではなく、ユリさんが直接指導。その後も学生時代の友人や、通っていた彫金教室で一緒になった仲間が加わり、半年後には7名のチームに。年商2,000万円のアクセサリーブランドとして成長しました。

デザインと営業はユリさんが担当し、制作は7名のチームで。それぞれの得意なことに集中することで得られている結果です。

Point

## 前田ユリさんがチーム作りで大切にしている3つのこと

### 気持ちよく仕事をしてもらう

「がんばってお仕事していただいた分だけ満足してもらえる金額をお支払いしたい」。その思いから、チームへの支払いがちゃんとできるような価格帯のアクセサリーを作るようにしていたというユリさん。気持ちも大事ですが、お金も大事！

### 適材適所で！

アクセサリーができ上がるまでには複数の工程があって、人によって得手不得手があります。そのため、ユリさんは全部を１人に担ってもらうのではなく、一人ひとりの得意な部分で割り振りをしていたそうです。「工程自体はシンプルですが、クオリティチェックした段階で使えないものが見つかれば、ロスになります。得意な部分を割り振ることで、結果、ロスがなくなりスピードも上がります」。

### 話をする時間と場所を作る

非対面が求められる状況では難しい場合もありますが、対面が許される場合はなるべく顔を合わせてやりとりをするように心がけていたというユリさん。工賃のお支払いは手渡しにして、顔を合わせて近況を報告し合っていたそうです。
チームで作ったLINEグループには、業務連絡だけでなく嬉しい報告も投稿。
「テレビ番組でアクセサリーを使っていただいた時には、チームメンバーのモチベーションアップにつながりました。委託店で並ぶアクセサリーを見て喜んでくれるメンバーもいます」。

対面が難しい時期もありますが、「なるべく顔を合わせる仕事ができるチームがいい！」とユリさんは語ります。

lesson

# 10 収入の柱を作って長くハンドメイドを続ける！

ハンドメイドを仕事にするための方法は、作ったものを販売すること、作り方を教えること、売り方を教えることなど、いくつかあります。人によって向き不向きはあると思いますが、ハンドメイドの仕事を長続きできるようにするためにと、収入の柱を複数持つ作家さんが増えています。

お花や動物をモチーフにしたロマンチックテイストのアクセサリーを制作するmidget（ミジェット）の大倉陽子さんも、作家業と同時に講師業を始めた1人です。

陽子さんの作品は、粘土で作った小さなパーツを組み合わせて完成させるもの。小さくて繊細であるがゆえに、制作に時間がかかり、イヤリング１点でも1時間、手の込んだブローチやネックレスは3時間以上を要します。ブランディングを学び、価格を上げることができ、活躍の場所は海外のセレクトショップにまで広がりましたが、どんなにがんばって納品できたとしても、最高月商は15万円ほどでした。

「ブランドの認知を広げたいと思っていましたが、造形から全部を1人で作り上げる自分の作品は、ハンドメイド作家としての限界が見えていました」。

そんな時にニットジュエリーの作家兼講師の女性から、「自分1人でがんばるだけでなく、技術を教えることで、認知を広げるための仲間ができる」とアドバイスを受け、オンライン講座をはじめることになりました。

「イベント出店という発表の場を持つことで自分の価値を表現できると思っていましたが、講師をはじめると技術を知りたいという人たちが集まってきてくれて、実はこちらの価値のほうが高いことに気がつきました」。

講師をやってみると、お世話になっていた香港のセレクトショップからもワークショップの依頼がありました。この先は自分の受講生さんを海外のショップに紹介することも計画しているそうです。

陽子さんのように、制作できる量が決まっている作家さんの場合には、自分の技術を教えることで、仕事として長く続けられる柱が一本増えます。しかし、せっかくオリジナルで作り上げてきた技術を手放すのは……と躊躇する人も多いはずです。

陽子さんの場合には「みんなで広げる」という点にフォーカスして、技術を価値として講座にし、提供するようになりました。

「自分だけが作れるもの」が「他の人も作れるもの」になるのですが、全部を手放す必要はありません。

発信の際のお約束ごと（規約）をしっかりと作ったり、商標を登録することによって、守りたいものをちゃんと守りながら広げていくことができます。

大倉陽子さんの
インスタグラム

https://www.instagram.com/yokomidget/

lesson

# 11 攻めだけではなく、守りも大事！

結婚・出産・子育てで、ハンドメイド作家としての活動から離れていた徳田洋美さんが、幼なじみの下口裕子さんと再会し、何か一緒にできないかと話をしているうちに生まれたのが、布でできた観葉植物・ファブリックプランツでした。

観葉植物を枯らした経験のある２人が「枯れない植物を作りたい」と試作をはじめ、そのあまりのかわいらしさから「たくさんの人に知ってもらうために販売してみよう！」と「創作園藝課®」としての活動をスタート。

「手芸・ハンドメイド」というよりも、「アート作品」として表現したいと思っていた２人ですが、市販された素材を使っているため、模倣されて価値が下がることに不安を感じていました。百貨店催事などで販売をする機会も増えていたために、作り方の特許申請を弁理士さんに相談することにしました。ところが「手芸方法」では特許取得の条件である「発明」と認定されにくいため、すでに活動をしていた「創作園藝課®」というブランド名の商標登録をすすめられ、2016年のホビーショー出展前に第26類（裁縫用品）で「創作園藝課®」の商標を取得しました。商標として登録することで、自分たちの大切な作品を守ることができるだけでなく、社会的な信用につながり、企業からも声をかけていただけるようにもなりました。新しい販路ができ、大きな作品を納品できたり、ワークショップやオリジナルキットの販売など活動の場を広げることにもつながっています。

商標って何？
商標は「誰が作ったのか？」「誰が提供しているのか？」を示すマーク®のことです。商標を取得すると自分の商品と他の人の作った類似商品を区別することができ、その商品を誰が作ったのかという出所や品質の保証をお客様にお伝えすることができます。

商標を取得するメリット
□社会的信用を得られる
□オリジナリティの証明
□他社の模倣を防止し、安心してブランディングできる

商標を登録するには？
特許庁へ商標の登録申請をした後、登録要件を満たしているか否かの審査を経て、商標権の設定登録をされ商標権が発生します。
商標の登録出願は自分ですることも可能ですが、特許事務所、弁理士といったプロに依頼することで、面倒な手続きを代行してもらえます。ただし、商標を登録するまでには出願時に出願印紙代と登録時に登録印紙代がかかり、プロに依頼する場合には他に調査料と報酬（一律ではなく、事務所によって異なる）が加わります。

最近ではハンドメイドブランドが多数ありますので、偶然にも同じ名前を同じジャンルのブランド名にしている作家さんたちをよく見かけます。自分が愛情を込めて使うことにしたブランド名が他の作家さんとかぶるようなことは、できれば避けたいですよね。

万が一かぶった場合にでも、どちらが先だからそのブランド名を使えるということではありません。ブランド名を商標として登録している人に使用する権利があります。つまりはあなたが一生懸命育ててきたブランド名を他の誰かが商標として登録すると、ある日突然にそのブランド名を使えなくなるということもあります。

今後、活動の幅を広げたい方や認知度が高まっていて今後もそのブランド名を使って展開していきたいという場合には、ブランド名を商標として登録することも考えましょう。活動の攻めのタイミングには守りも大事です！

参考　J-star 国際特許商標事務所・行政書士事務所
http://www.j-star.jp

ロゴのフォントには商標として登録された商標マークが入っている
https://www.sousakuengeika.com/

# 5

# ハンドメイド作家さんのお悩みにお答えします！

## Part5 Point

この章では、雑貨の仕事塾®に寄せられたハンドメイド作家さんからのお悩みに対して、ブログやメールマガジンで私が回答してきた内容をもとにまとめています。

値上げのタイミングはいつ？

毎月の売上を安定させるために必要なことって何？

作家さんであれば誰もが一度は疑問に思ったこと、悩んだテーマを取り上げています。

Part4までの復習を兼ねて、もう一度本文を振り返っていただきながら、自分に置き換えて考えてみましょう。

Question

# 01

## パートを辞めて、ハンドメイド作家業だけで活動することを、家族から反対されています。

労働時間によってお金が支払われるパートタイムのお仕事の場合、どんなに忙しくても、どんなに暇でも、支払われる代金は「時給」や「日給」で約束されています。そのため受け取る金額の見込みが立てやすく、「安定」というメリットがあります。

一方でハンドメイド作家業だけで活動しようと思ったら、自分が制作できる点数と、どれくらいの売上を作れるのかによって受け取れる利益は変わってくるので、生活する上での「不安定」感は否めません。

安定した収入を得てほしい、不安定な仕事で無理をしてほしくない、小さな子どもと一緒に過ごしてほしい……家族の理解が得られない背景には、さまざまな理由が想像されます。

理解が得られない理由は何か、どういう活動の仕方であれば理解し、応援してもらえるのかを、まずは率直に会話してみることが必要です。

家族から応援してもらえる活動を心がけているP.4のrinoさんの場合、家族との時間も大切にしたいということから、週末のイベント出店は月に2回と決めているそうです。

家族の時間を大切にするために、お子さんが学校に行っている間と、就寝した後にだけ活動するというルールを決めているという例はよく耳にします。

家族に伝える場面では、現状の売上、利益、活動時間などを「数字」で書き出し、本業にすることで生まれる「家族としてのメリット」を伝えましょう。そのうえで、協力してほしいことについて理解してもらえるように話す努力が大事だと思います。

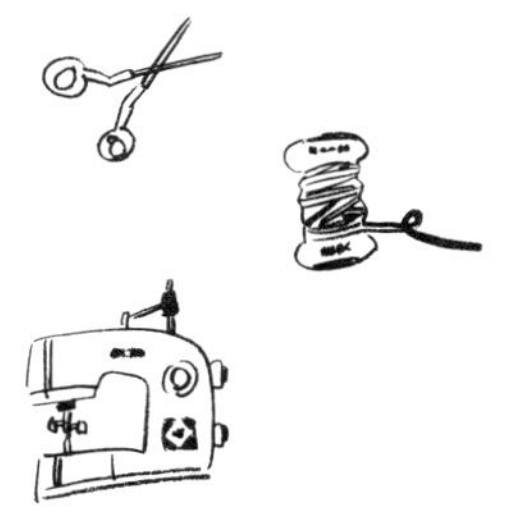

Question

## 02

## 月商10万円を達成し、手一杯です。今以上の売上をあげたいのですが、仕事量が増えると辞めざるをえないかもしれません。

大好きなハンドメイドで「まずは毎月10万円！」を目標としている人は多いので、きっと努力をされてきたのでしょうね。

どんな作品をいくらで何個販売しているのかによって状況は異なりますが、このお悩みのように上限が見えている場合、どこに問題があるのかをまずは明確にしましょう。

ありがちなのが、「単価が安すぎる」ということ。安価で大量に制作・販売しているケースだと、労働時間と対価のバランスが崩れて「これ以上は無理」という結果に陥りがちです。

問題解決の唯一の方法は「値段を上げる」ことです。とはいえ、「値上げするとお客様が離れてしまうかもしれない」という心配があるかもしれません。

以前私がアドバイスをさせていただいたＴさんもそうでした。ベビー用の布小物を作っていて、ハンドメイド販売サイトで他の作家さんよりも数百円ほど安く設定していたことで人気に火がつき、結果、売れすぎて時間と対価のバランスが崩れ、まさに自分の首を絞めてしまう状態に。

「値上げ」を提案する私に対し、Ｔさんは首を横に振るばかり。ただ、ある1つの質問で彼女は決断しました。

その質問がこちらです。

「今のままの状態が続いたら、Tさんはどうなりますか？」

このままでは、大好きなお仕事を辞めなくてはならなくなるのは歴然としています。

いきなり大幅な値上げをすることはできないけれど、一律で販売していたものをアイテムによって価格を数百円上げたり、人気の商品をセットアップに変えたりするなどして、値段を上げてもお客様がいなくならないということを実感してもらいました。

結果、たったの１ヶ月で、制作量は減ったものの売上は倍に！
自信がつき、余力が生まれたことで、次の目標が設定できるようになりました。

販売をはじめてから気づく方が多いかもしれませんが、安価なまま売上を伸ばし続けることは、１人で活動するハンドメイド作家さんには向いていません。

Question

# 03 値上げのタイミングを知りたいです。

本書では値段の上げ方について、２人の作家さんの実例をご紹介しています。

作品が認知され、発売と同時に完売するようになったTABAの井澤さん（P.87）の場合、活動を続けていくために値段を上げたほうがいい！　と自覚したタイミングで、値上げに踏み切りました。

Ne-giの高橋之子さん（P.90）の場合には、商品構成を見直した上で、一番売りたい価格帯とその上の価格帯のものを作り、さらには全体の価値を高めながら値段を上げていくことを決めていました。

ブランドが認知され、リピーターさんが増え、さらに将来の仕事としてハンドメイドブランドを継続していくことを考えられるようになったら、お客様に告知をした上で、値段を上げるのがいいのではないかと思います。

告知する場合には、値上げの理由と、値上げ後、あなたがお客様に対して何をお約束するのかを伝えましょう。

**[値上げの理由例]**

**今までは○○円で販売していましたが、お客様が喜んでいる△△(具体的な言葉)をより強化し、厳選した素材と技術でさらにご満足いただける作品作りをするため、値上げの決意をしました。**

[お客様へのお約束例]
**今までよりも喜んでいただける作品を作っていきますので、今後も応援をお願いします。**

高橋之子さんのように、告知をせずに、値段の高い商品を追加して商品構成を変え、パッケージや販促物など全体の価値を高めて値段を上げていった方も多数います。売れている作品以外にも、より価値の高い作品を用意し、徐々に値段を上げていく方法です。

これなら、「いつ」というタイミングを見計らわなくても、今からでもできる方法だと思います。

現状の商品構成を見直してみて、現在メインで販売している価格帯のものと、それより高い価格帯の作品を用意し、両方販売しながら、徐々に値段を上げていくのもいいでしょう。

また現状の値段が安すぎて、それにお客様が不安を感じてご購入に至らないというケースもあるようです。本書で再度お勉強していただき、あなたの「らしさ」を作った上で、再度値段の設定をしてみてください。

値上げについては、どのように告知をしても、今までのお客様が離れる可能性が、多少なりともあります。特にお友達がお客様だと、その後のお友達関係に影響してしまうこともあります。

それでも、自分のステージが変わる時期だと自覚した上で、新しいお客様との出会いに期待しましょう。

お客様が離れたからといって、また値段を下げたり、作風のランクを下げたりしていたら、あなたのブランドの価値が下がります。値上げはタイミングも大事ですが、それ以上に、値上げをしても続けていく覚悟のほうが大事なのかもしれません。

Question

# 04

# 自分では高いと思わないのですが、イベントなどに出店すると「高い！」と言われて買ってもらえません。

ある時、名古屋の百貨店をリサーチしました。

アクセサリーや布小物など、ハンドメイド作家さんが作っているジャンルの商品を、百貨店でも扱っていますよね。

百貨店では、高いものをどうやって見せているのか？　何をお客様に伝えているのか？　どのようなタグなのか？　どんな箱に入れているのか？

すごく勉強になるので、ハンドメイド作家の皆さんにもぜひ体感して欲しいです。

そもそも「高い！」と言われてしまうのは、「高い価値のものである」ということが、ちゃんとお客様に伝わっていないから。「高いものである」ということを、きちんと見せなければいけません。

たとえば、どんなところにこだわりを持って作っているのか？　素材がいいものであれば、それをしっかりと伝えます。

制作に手間がかかっているのであれば、「1個を制作するのにこれだけの工程があって、何時間かかる」ということも伝えます。

どれだけの愛情を注いで作っているのかも伝えましょう。

そもそも販売とは「価値とお金の交換」です。価値が伝わっていないという理由で売れないケースは多々あります。

それでも「高い！」と言われたら、価値を認めてくれる人がそのイベントに来ているのかということを考えてもいいでしょう。

販路を間違えていないかを検討することも大事です。

私が過去に出会った、とても美しいアクセサリーを作る作家さんは、いつも「売れない」と悩んでいました。価格は私が想像したものよりかなり低かったこともあり、「どこで販売しているのか？」を聞いてみると、学生街にあるレンタルボックスだと言います。仕事をしている40代、50代の女性なら安く感じる価格でも、学生さんにとっては高い価格帯であること。また、そのブランドにマッチしたお客様がそこにはいないこと。これが売れない原因でした。

ブランドによって、売れる場所、売りづらい場所があります。

ブランドに合う場所で販売をしたら、雑に「高い！」とは言われません。むしろ「安い」と言われるかもしれません。

見せ方、伝え方、場所。この３つを見直してみましょう。

Question

05

# イベント、ネット、委託販売など売り方によって販売価格を変えてもいいのでしょうか？

いろいろな考えの方がいらっしゃるとは思いますが、私の場合、基本的に「同じ作品であれば価格は１つ」と考えています。

以前、委託販売のお店をプロデュースしていたことがありました。その時、取り扱いの作家さんが、同じ作品を自身のネットショップでは価格を下げて販売していたとしたら、お客様が混乱すると思ったのです。

委託販売でマージンを差し引かれると利益が確保できないという場合には、付加価値をつけて値段を上げて欲しいという提案もさせていただきました。

例えば、中にポケットをつけてもらうとか、刺繍を加えてもらうなど。そうすることで「違う作品」になるため、価格を変えることをお客様に理解してもらうことができます。

基本は、どのような売り方でも同じ作品の価格は１つ。「利益の得られる値段を、最初につけておく」ことをルールにしておけば、悩まずに活動ができると思います。

Question

# 06

## 刺繍作家をしています。時間をかける作品を作るか、時間をかけない作品を作るかで迷っています。

Part 5

ハンドメイドの中には、1作品を作り上げるのに時間がかかるジャンルがあって、刺繍はその1つかと思います。

制作に時間がかかる場合には、1日（もしくは週）に何作品できるのか、制作時間を価格に反映できるのかによって、売上は変わってきます。それゆえのご質問なのでしょうが、私は「お客様が『それ欲しい』と言う作品」であれば、時間の長短は関係がないと思います。

どんなに時間をかけた大作であっても、「欲しい」と言ってもらえなかったら自己満足で終わってしまいます。ハンドメイド作家として大事なのは、いかに「自分が好きなもの」で「お客様が欲しい」ものが作れるかということ。

もし迷っているのであれば、インスタグラムなどで両方の作品を投稿して、どちらに多くの「いいね」がつくのかをみて判断してもいいと思います。

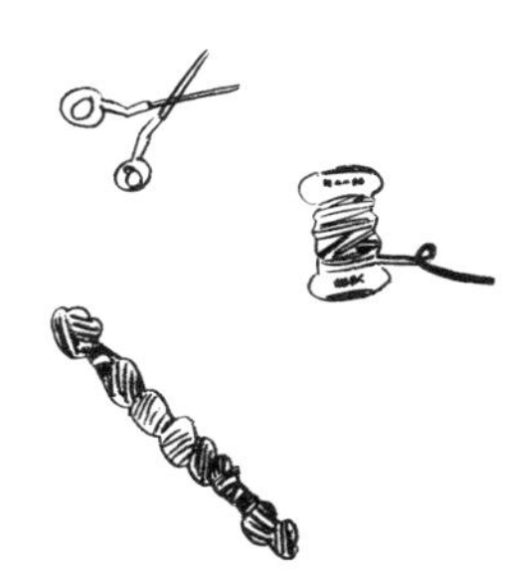

Question

# 07

# 友達から「こういうの作って」とお願いされることがよくあります。この先はお断りしたほうがいいのでしょうか？

ハンドメイド作家としてデビューする前に、作ったものをお友達にタダでプレゼントしていたという方は多いですよね。

それがきっかけでハンドメイド作家としてデビューし、委託販売やイベントなどで売上が作れるようになってきたけれど、相変わらずお友達から「作って〜」とタダリクエストが多い、もしくは格安でお願いされるというケースがよくあるようです。

お友達に販売をしていたけれど、値上げしたら売れなくなったとか、オーダーのキャンセルをされたという話も聞いたことがありますが、今までタダで作っていたのにお金の話をすると、なんとなく気まずくなったりするものです。

それでも、あなたがお仕事としてハンドメイド作家をやっていく以上、避けて通れない壁の1つです。

お仕事としてやっていくと覚悟を決めた以上は、どこかで「お友達だから無料」に線引きをしなければなりません。

自分の負担にならないのであれば、プレゼントしてあげてもいいとは思いますが、「タダでプレゼントするのがイヤ」というより、「タダが当たり前になっているのがイヤ」という方もいらっしゃると思います。

本当に応援してくれているお友達であれば「こんなに安くていいの？」と言ってくれることもあるでしょう。逆に「タダ」にこだわるような人は、タダであることの価値しか感じていないわけですから、応援してくれているわけではないでしょう。

私自身、知り合いのハンドメイド作家さんに何かをお願いすることはよくあります。同じ仕事をしている身として、購入させていただく場合には、最初に見積もりを作ってもらってから制作してもらうようにはしています。安く手に入ればたしかに嬉しいけれど、本当にがんばって欲しいと思っていたら、価値に見合った報酬をハンドメイド作家さんにも受け取って欲しいです。

タダ作家から脱出するために、次の５つに気をつけましょう。

①ハンドメイド作家として活動していることを知ってもらうために、ブログやチラシで値段を見せておく
②作ってと言われたら「じゃあ、いくらかかるかお見積もりさせてね」とか「予算はいくらくらい？」と笑顔で聞く癖をつける
③「越えなくてはならない壁」と心を強く持つ
④「タダでもらう」ことにこだわる友人はお客様にはならないと自覚する
⑤スキルを高めて、作家としての価値を高める努力をする

お金をいただくことは決して悪いことではありません。罪悪感を持っているのであれば、それはあなたが自分の価値を過小評価しているだけ。
価値を感じて購入してくれているお客様のためにも、自分の意識を変えていきましょう。

Question

# 08

## いろいろなものが作りたくて、1つに絞れません。ブランディングをする上では何か1つに絞ったほうがいいのでしょうか？

ハンドメイドが大好き！　という人にとって、絞り込みをするのは難しいことと思います。そこで考えて欲しいのは、「ハンドメイド活動の目的」です。

好きなものを作って販売したいという思いは、誰もが持っているでしょうが、「販売する」とは、「お金を出して購入してくれる相手がいる」ということです。

つまり、いろいろなものが作れたとしても、「購入したい」という相手がいなければ、ハンドメイド品を販売するという目的は達成できません。

「好きなものを作る」が大前提だとしても、「お客様が欲しい」と言ってくれるものを見極めることが大事です。

ただ「好きなものを作る」だけなら趣味として成立しますが、作家業をお仕事にするには、利益がなければ続けることはできません。

いろいろなジャンルの作品が作れる場合には、SNSで発信したり、イベントに出店してみるなどして、お客様がどれに興味を持つのか、実際に売上につながるのかを見極めた上で、ジャンルを絞ってもいいと思います。

いろいなジャンルであったとしても、そこに一貫したコンセプトがあれば、ジャンルをあえて絞り込む必要はありません。

例えばP.2でご紹介したnikoさんの場合、バッグもヘアアクセサリーもブローチも作っています。そこにブランドのコンセプトがあり、お客様がそれを認知しているからです。

何事にも言えることですが、ジャンルであっても、コンセプトであっても、まずは売ってみないとわかりません。なので、まずは「売ってみる」ところからチャレンジしてみましょう。自ずと答えが見つかるはずです。

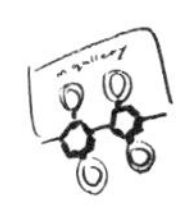

Question

# 毎月の売上が安定しません。コンスタントに売上を作るにはどうしたらいいでしょうか？

毎月の売上が安定しないというお悩みをお持ちの方は、以下の3点を振り返ってみるといいでしょう。

**その1　目標設定が正しいかどうか？**

1日の中で、ハンドメイド活動に使える時間はどれくらいありますか？　その中で、SNS、ブログなどの広報活動にかけられる時間、制作にかけられる時間はどれくらいあるでしょうか？

1週間単位で自分の時間をチェックしてみると、自分が制作できる数がどれくらいなのかが見えてきます。

その上で、その作品を販売するといくらになるのか？　それが無理のない目標としての数字なのかどうかを確認します。

もしも無理のない数字だとしたら、時間管理を意識するようにして、目標を達成できるだけの作品点数を作るようにしていきましょう。

**その2　年間売上で考えてみる**

1ヶ月にハンドメイド活動にかけられる時間が少ない場合には、1年単位で目標を設定し、制作する月と販売する月を分けて活動するのも1つの方法です。

雑貨の仕事塾®の塾生さんの中には、売れる月には2倍売る計画を立て、その前後の月の制作状況をコントロールしている方もいらっしゃいます。雑貨が売れる12月など、絶対に売り逃がしたくない月には、２〜３ヶ月前から準備できるよう、計画を立てます。制作だけでなく、SNSやブログによる広報のスケジュールも綿密に計画していきます。

年間で目標を設定したほうが活動しやすい作家さんもいると思いますので、自分はどのように活動するのがベストなのかを振り返ってみましょう。



### その３　強い意志を持つ！

ほぼ達成できているけれど、その手前で「まぁ、いっか！」と妥協しているケースもあります。

「売上目標を達成する」という意識が弱いと、いろんなことに手抜きが発生してしまいます。「これくらい売れたから今月はこれでいいかな」と、達成する前にやめている方も多く見かけます。自分の気持ちの弱さを克服するために、「目標を達成する」という意識を強く持つことが大事です。

私がアドバイスをしている塾生さんの中には、２ヶ月に一度しか目標を達成できない方がいらっしゃいました。その理由は、ご本人も自覚していましたが目標達成意識の低さ。そこで毎月、目標額を達成するための具体的な戦略を計画するようにしました。すると、それまで２ヶ月に一度のみだった目標額を、毎月達成することができるようになりました。

つい先日、月末２日前の数字が目標に数千円届かず、「何を売れば達成できるかな？」と聞いてみると、すぐに在庫と値段をチェックし、ブログとLINEでお客様にご案内し、結果、目標金額をクリアすることができました。数千円の差で目標達成できずに終わる悔しさを知ることは、実はとても大事なことです。

## おわりに

出版から4年が経過した今なお、『高くても売れる！ ハンドメイド作家 ブランド作りの教科書』を読んだ方から、素敵な報告のメールが届きます。

・思い切って値段を上げて、月商10万円を達成できました！
・本を読んでやってみただけで売上が上がったのだから、今度は直接学びたいです！
・売上が倍になり、応援してくれる人が増えたことで、ハンドメイド活動が楽しくなってきました！

……などなど、数え切れないほどです。

そんな2020年、コロナウイルスの感染者数拡大に伴って緊急事態宣言が発令され、活動停止を余儀なくされる受講生さんが出てきました。そこでオンラインでの販売方法をお伝えしはじめると、毎月の売上が20万～30万円と逆に安定する受講生さんが次々に登場したのです。

そのタイミングで、1本の電話がありました。本書の編集担当の竹並治子さんからでした。「対面販売ができなくなっている今、ハンドメイド作家さんに必要なのは、『今の時代にあったブランディング』」とお伝えすると、トントン拍子に話が進み、こうして改訂版を皆さんにお届けできることになりました。

今回は、私の運営する「ハンドメイドの仕事塾@LOVE」の講師の旗手愛さん、岡部圭子さん、KANKOさん、そして受講生さんたちにたくさんご協力をいただきました。

ハンドメイドは愛です。1人でがんばるのではなく、みんなの愛で素敵なブランドが増えていくことが私の喜びです。この本がその一歩になれば嬉しいです。皆さん、ありがとうございました！

マツドアケミ

著者略歴

**マツドアケミ**（まつどあけみ）

モノ作り（ハンドメイド）・講師のための「高くても売れるブランディング」の専門家。
雑貨やハンドメイド作家・小さなブランド作りのための「雑貨の仕事塾®」、ハンドメイド講師のための動画集客＆オンライン講座の売り方の実践塾「THE DREAM」主宰。
外資系企業の秘書、家庭用品メーカーの運営する雑貨店の店長、本部バイヤー、ショップコーディネーターを経て独立。ライターとして雑貨、モノ、カフェ、ライフスタイルに特化して執筆する一方で、ショップのプロデュースやアーティストのプロモーションにも携わる。
現在はハンドメイドで起業する小さなブランドのブランディングや、講師のためのオンラインビジネスを支援。「1ヶ月半で売上が倍に！」「本を出版することができた！」などの実績多数。ハンドメイドを切り口としたビジネスを検討中の企業からの相談、台湾でのイベント企画など多方面で活動中。
『オンラインで稼ぐ！ハンドメイド教室の作り方』（内外出版社）、『経験ゼロから長く続ける 起業のステージアップ術』（同文舘出版）など著書多数。

雑貨の仕事塾®HP：https://zakkazakka.com

最新版 高くても売れる！
**ハンドメイド作家 ブランド作りの教科書**

2021年8月31日　初版発行
2024年3月 8 日　3刷発行

著　者 —— マツドアケミ

発行者 —— 中島豊彦

発行所 —— 同文舘出版株式会社

東京都千代田区神田神保町 1-41　〒101-0051
電話　営業 03（3294）1801　編集 03（3294）1802
振替 00100-8-42935
https://www.dobunkan.co.jp/


ISBN978-4-495-53752-4

印刷／製本：萩原印刷
Printed in Japan 2021